Max Eyth (1836 – 1906), Schriftsteller und Ingenieur.

Am 25. August 1906 verstarb in Ulm auf dem Michelsberg Nr. 227 hochdekoriert der Maschinenbau-Ingenieur, Gründer der Deutschen Landwirtschaftsgesellschaft (DLG) und Schriftsteller Max von Eyth, Ehrenbürger der Stadt Ulm. Er war 1896 in den persönlichen Adelsstand erhoben und 1905 mit dem von der Technischen Hochschule Stuttgart erstmals verliehenen Titel „Dr. Ing. h. c." (honoris causa: ehrenhalber) ausgezeichnet worden. Fragt man heute nach Max Eyth, so ist das Wissen um ihn weitgehend verblaßt. Sein Tod vor einhundert Jahren ist daher erneut Anlaß, sich an ihn und sein Lebenswerk zu erinnern.
Sich zu erinnern, gehört zu den elementarsten Lebensgrundlagen jedes Menschen und aller Kulturgemeinschaften. Wer sich nicht erinnert oder erinnern will, verliert schnell die Orientierung und damit jede Zukunftsperspektive. Auch Max Eyth hat sich mit dem Wesen der Erinnerung beschäftigt. In seinem Bestseller *Hinter Pflug und Schraubstock* schreibt er in der Erzählung *Berufstragik* gleich zu Beginn: „Hat jemals ein kühner Psychologe dem Bewegungsgesetz der Erinnerungen nachgespürt? In seltenen Fällen ziehen sie ruhig dahin, auf ihrem stillen Weg nach rückwärts; meist tanzen sie in wunderlichen Sprüngen wie Irrlichter, kreuz und quer, beleuchten auf einen Augenblick hier eine alte Haustür [...], dort das Lächeln eines Menschenangesichts, das längst zu lächeln aufgehört hat. Heller leuchten sie auf, je weiter sie rückwärts hüpfen [...], ehe alles wieder in bläulicher Dämmerung verschwindet."
Max Eyth wurde am 6. Mai 1836 in Kirchheim unter Teck geboren und in der Martinskirche auf den Namen Friedrich Eduard Maximilian Eyth getauft. In der ehemaligen Lateinschule hat er die ersten fünf Jahre seiner Kindheit verbracht. Neu aufgefundene Aufzeichnungen seines Vaters beleuchten jetzt auch erstmals diese Zeit näher. Zwischen 1852 und 1856 kam er als Student des Polytechnikums Stuttgart mehrmals nach Kirchheim, wohl auch der Liebe wegen. Zuletzt besuchte er seine Geburtsstadt im Mai 1898 sowie,

kurz vor seinem Tod, im April 1906. Dabei skizzierte er in „meiner Urheimat“ eines seiner letzten Blätter, die ehemalige Lateinschule: „Mein Geburtshaus“.
Vor allem Geburtsorte dienen als Stätten der Erinnerung. In Kirchheim unter Teck wird dies mit der Umbenennung der ehemaligen Lateinschule in „Max-Eyth-Haus“ zwischen 1923 und 1925 faßbar. Der Verein deutscher Ingenieure hatte in Verbindung mit der DLG am Geburtshaus 1923 eine Erinnerungstafel anbringen lassen. 1936 wurde der 100. Geburtstag in Ulm und in Kirchheim unter Teck begangen, in Kirchheim mit einer Ausstellung im damaligen Heimatmuseum im Schloß und einer Feier am Geburtshaus, mit nationalsozialistischem Fahnenschmuck und Redebeiträgen.
Im Erdgeschoß des Max-Eyth-Hauses fand mit der Einrichtung eines Gedenkzimmers 1951 sozusagen ein Neubeginn statt. 1981 folgte eine Gedenkausstellung zum 75. Todestag im Städtischen Museum im Kornhaus. 1986 wurde in Ulm, Stuttgart und Kirchheim aus Anlaß seines 150. Geburtstages Eyths zeichnerisches Werk vorgestellt. 1994 schließlich eröffnete das „Literarische Museum im Max-Eyth-Haus“ mit der Präsentation „Max Eyth als Literat und Zeichner“ eine neue und bedeutende Abteilung des Städtischen Museums.
Im Max-Eyth-Jahr 2006 wird am 6. Mai, zugleich der 170. Geburtstag, eine Ausstellung zu seinen Ehren eröffnet, begleitet von der vorliegenden Veröffentlichung und einem umfangreichen Programm.
Vielen ist zu danken, die hier zusammengewirkt haben: den Kulturtreibenden der Stadt, insbesondere dem Literaturbeirat der Stadt Kirchheim unter Teck, der Arbeitsstelle für literarische Museen, Archive und Gedenkstätten in Marbach am Neckar, die beide das Buchprojekt finanziell förderten, und nicht zuletzt auch der überaus engagierten Autorin, Frau Dr. Ute Harbusch. Den zahlreichen Aktivitäten und Veranstaltungen sowie der Ausstellung und dieser Publikation wünschen wir viel Resonanz und guten Erfolg.

Kirchheim unter Teck — Städtisches Museum im Kornhaus
Im April 2006 — Rainer Laskowski M.A., Museumsleiter

Mein Leben

Ich habe durchfurcht manch‘ nasse Bahn
Im Drachenschiff, dem stahlgerippten;
Ich war ein Pilger in Kanaan
Und habe gepflügt das Land Ägypten.

Im Sonnenbrande, heiß und hell,
Bin ich durch Syriens Berge geritten,
Und spürte nach tiefverborgenem Quell
Bei Drusen und bei Maroniten.

Dem Mississippi jagt‘ ich zu
Vom gelben Saume der Sahara;
Mein Schlepper dampfte ohne Ruh
Am Katarakt des Niagara.

Gold sucht‘ ich im arab’schen Sand,
Wie in Kentuckys Kohlenschichte;
Im lieben deutschen Vaterland,
Da schrieb ich Bücher und Gedichte.

Max Eyth, Photographie von Friedrich Brandseph, Stuttgart (um 1860/61)

Leben und Schreiben.

Es ist ein altes Dilemma: Wer am Schreibtisch sitzt, erlebt nichts, und wer viel erlebt, hat keine Zeit, darüber zu schreiben. Max Eyth kannte das Problem und fand eine kluge Lösung: Erst erlebte er seine Abenteuer, dann setzte er sich zur Ruhe, um die Abenteuer in Literatur zu verwandeln.

Eyth war ein Ingenieur der ersten Stunde. Als er seine berufliche Laufbahn um die Mitte des 19. Jahrhunderts begann, gab es noch keine elektrische Beleuchtung, keine Autos und keine Flugzeuge. Er fand eine Stelle bei einer englischen Firma, die Pflüge zur landwirtschaftlichen Bodenbearbeitung mittels Dampfkraft herstellte. Zwanzig Jahre lang war er daraufhin in Ägypten, Nord- und Mittelamerika, Rußland und Europa unterwegs, um Dampfpflüge zu entwickeln und zu verkaufen; anschließend „beackerte" er seine Landsleute, rief die Deutsche Landwirtschaftsgesellschaft ins Leben und organisierte Wanderausstellungen zwischen Straßburg und Königsberg. Endlich kehrte er in die württembergische Heimat zurück und verfaßte dort während seines letzten Lebensjahrzehnts seine literarischen Hauptwerke.

Eyth hat nie eine wirklich bahnbrechende technische Neuerung eingeführt oder Erfindung gemacht. Letztlich ist er nur wegen seiner Bücher heute noch als Ingenieur bekannt. Grund genug, sich einmal mit dem Schriftsteller Max Eyth zu beschäftigen, nachdem biographische Versuche bereits in großer Zahl geschrieben wurden. Die Stationen seines Lebens nachzeichnend, werden im folgenden alle im engeren Sinn literarischen Werke Eyths nach der Reihenfolge ihres Entstehens vorgestellt, auch die weniger bekannten Veröffentlichungen aus der Jugendzeit. Bibliographische Angaben nennen die zu Lebzeiten erschienenen Auflagen sowie den Wiederabdruck in den *Gesammelten Schriften* (GS) von 1909. Bedauerlicherweise ist heute, im hundertsten Jahr seines Todes, nicht ein einziges von Eyths Büchern mehr in einer vollständigen Ausgabe im Buchhandel erhältlich. Daher ist, wer den Schriftsteller Eyth entdecken oder wiederentdecken möchte, auf Bibliotheken oder Antiquariate angewiesen. Doch der kleine Umweg lohnt sich: er führt zu einem faszinierenden Leben und einem spannenden, humorvollen Erzähler.

Und nicht nur als Autor hat Eyth sich neben und nach seinem „Hauptberuf" betätigt, er war ebenso ein höchst begabter Zeichner: Sämtliche Zeichnungen, die den vorliegenden Band illustrieren, stammen aus seiner Hand.

Die Schwäbische Alb.

Mit fünfundzwanzig Jahren hatte Max Eyth seine schwäbische Heimat verlassen, mit sechzig kehrte er nach Württemberg zurück. Von Ulm aus, wo er sich für die letzten zehn Jahre seines Lebens niederließ, unternahm der passionierte Wanderer immer wieder Ausflüge zur Schwäbischen Alb, in deren Vorland er zur Welt gekommen war. Seine letzte Wanderung machte er am 25. April 1906, wenige Tage vor seinem siebzigsten Geburtstag. Sie führte ihn nach Ochsenwang, am Albtrauf oberhalb seiner „Urheimat Kirchheim" (GS6, 532) gelegen. Dort beginnt Eyths letzter großer Roman *Der Schneider von Ulm*, denn abweichend vom historischen Vorbild ließ Eyth seinen Helden nicht in Ulm, sondern auf der Alb zur Welt kommen. Es schien ihm ein Anliegen gewesen zu sein, seine Heimatgegend literarisch zu würdigen. Um aber keinen Fehler bei der Beschreibung des sich von dort aus bietenden Albpanoramas zu machen, war vor der Fertigstellung des Manuskripts noch dieser Aufstieg nach Ochsenwang nötig. Das ist der Blick, der sich im Roman dem künftigen Schneider an einem Frühlingstag auftut:
Rechts und links, nah und fern stürzen die bewaldeten Berghänge von der scharfgezeichneten, fast waagerechten Kante des Gebirgsstocks zu Tal. Noch waren die Buchen kahl, und nur da und dort zitterte ein lichtgrüner Schimmer durch die fast violette Färbung der gewaltigen, geradlinig abfallenden Halden. Weißgraue Felszacken überragten an vielen Stellen das Meer von Baumgipfeln. Da und dort krönte eine stolze Burgruine oder ein einsamer Wachtturm die Felsengruppe, die über die waagerechte Schichtung des Gebirgs hervorsprang. Der Hohenneuffen und die Teck erhoben in nächster Nähe ihre kecken Häupter. In weiter dämmernder Ferne schloß gegen Südwesten der Hohenzollern die Reihe der stolzen Berge. Nach rechts, gegen Osten hin, war der Gebirgssturz zerklüfteter und bog sich in großem Bogen nach Norden, von tief einschneidenden Seitentälern durchbrochen. Dort, scharf getrennt von der kompakten Masse des Gebirgszugs, erhob sich über einem lieblichen Hügelland

einsam und kahl, aber noch immer der alte stolze Kaiserberg, der Hohenstaufen, hinter dem der burggekrönte Rechberg aufstieg; der Große, welchen die gewaltigen Stürme der Vergangenheit jedes Sturmes beraubt, der Kleine, über den sie achtlos hinweggeblasen hatten. Unten, über die Hügel und Tälchen des Vorlandes hin zerstreut lagen in bläulichem Grün gebettet zahllose Dörfchen und Städtchen, freundlich heraufschielend mit dem Weiß ihrer Häuschen und dem lustigen Rot von Ziegeldächern, die das braungelbe Stroh zu ersetzen begannen. Um den Fuß der Berge aber, im nahen Neidlinger und Lenninger Tal wogte ein schneeweißes Blütenmeer. Soweit das Auge reichte, bedeckte die Sohle der Täler und Tälchen, die in den Gebirgsstock einschnitten, ein Garten von Kirschbäumen. Sie schienen dem Sommer entgegenzujauchzen, dessen warmer Hauch, Leben und Liebe weckend, über das wundervolle Bild hinzog. Die Sonne war dem Untergehen nahe und tauchte scheidend den Gipfel der Achalm in einen Heiligenschein von Purpur und Gold. (GS2, 27f)

Kirchheim unter Teck.

Auf der Alb und in Ulm, in Schöntal und Blaubeuren hat Max Eyth seine Werke oder einzelne Episoden daraus angesiedelt, ebenso sind Ägypten, Nordamerika, England und Rußland Schauplätze seiner Bücher. Drei Erdteile und die halbe Welt fanden Eingang in seine Erzählungen, nur ein Ort scheint ausgespart: sein Geburtsort. Oder doch nicht? In Eyths frühester Veröffentlichung überhaupt, der Erzählung *Die ersten Tanzschuhe* von 1855, teilt Eduard, die Hauptfigur, den in Heilbronn wohnenden Eltern mit, daß er nun endlich seine erste Anstellung „an der höheren Lehranstalt zu K." antreten könne. Eduard: das war der Name von Max Eyths Vater, der aus Heilbronn stammte und mit 25 Jahren seine erste feste Stelle als Lehrer an der Lateinschule in Kirchheim unter Teck erhielt. So verbirgt sich hinter der Abkürzung „K." doch wenigstens eine kleine literarische Reverenz an Eyths Heimatstadt.

In Kirchheim also wurde Friedrich Eduard Maximilian Eyth, genannt

Max Eyth, am 6. Mai 1836 mittags um halb zwei geboren. In dem etwa dreißig Kilometer südöstlich von Stuttgart gelegen, damals rund fünfeinhalbtausend Einwohner großen Ort verbrachte Eyth seine ersten fünf Lebensjahre. Zweimal, als junger und als alter Mann, hat er später sein Geburtshaus gezeichnet, das ehemalige Lateinschulgebäude, das seit 1994 ein Literaturmuseum beherbergt. Die Lehrerwohnung befand sich in der Schule selbst, und zwar im ersten Stock über den Klassenzimmern. Wo heute die Max Eyth gewidmeten Ausstellungsräume sind, ein Dampfpflugmodell, seine Bücher und Zeichnungen besichtigt werden können, waren damals die Wohnküche und die Schlafzimmer von Familie Eyth. Das Arbeitszimmer des Vaters lag etwas abseits im nördlichen Anbau. Im Dachgeschoß waren weitere Kammern von Pensionsschülern belegt, für welche die Mutter Julie Eyth mit Hilfe einer Magd auch noch zu sorgen hatte. Zwischen dem Schulgebäude und der Martinskirche, in der Max Eyth getauft wurde, lag der „Präzeptoratsgarten“, in dem sicher nicht nur Blumen, sondern auch Obst und Gemüse gepflanzt waren. Inmitten von jungen Lateinschülern lernte Max Eyth hier laufen und sprechen.

Es gibt von ihm selbst keine Berichte über seine früheste Kindheit. Sein Vater aber hat ein paar Anekdoten aus jener Zeit unter dem Titel „Maxiana“ gesammelt. Auffallend häufig stehen dort religiöse Themen im Vordergrund, etwa Max' „dogmatische Frage“, ob es in der Hölle auch Bären gebe. Im Februar 1839 notierte der Vater folgendes „Abendgespräch“ zwischen Mutter und Sohn:

Liebe Mama! (sagte M.) thu' mir doch beten zum lieben Heiland!
Jul. Warum denn?
M. Mein Herz ist so betrübt.
J. Weswegen[?]
M. Weil meine Spatzen so lange nicht kommen. –
(dieß ist sein Nachtessen; er ließ auch nicht nach, bis Julie es that, worauf er geduldiger wurde.[)]

Der Vater.

„Obgleich Philologe von altem Schrot und Korn, war mein Vater ein ungewöhnlich verständiger Mann, dem ich das beste verdanke, was der Mensch dem Menschen geben kann: meine Freiheit.“ (GS5, 13) Max Eyth wußte es zu schätzen, daß ihm sein Vater erlaubte, den Ausbildungs- und Berufsweg eines Technikers einzuschlagen, obwohl er selbst noch ganz dem humanistischen Bildungsideal anhing. Dr. phil. Eduard Eyth (1809–1884) studierte Theologie in Tübingen, ging bald zum höheren Lehrfach über, war nach einem Jahr als Pfarrvikar in Heilbronn von 1835 bis 1841 Lateinschullehrer in Kirchheim, danach Professor für Klassische Philologie und Geschichte am Theologischen Seminar in Schöntal, wo er zum stellvertretenden Leiter und schließlich zum Leiter, genannt Ephorus, aufstieg. In dieselbe Position wurde er 1868 an das Seminar in Blaubeuren berufen. Seinen Ruhestand verbrachte er ab 1877 in Neu-Ulm, wo er 1884 starb. Sein ganzes Leben war also der Ausbildung künftiger Theologen gewidmet, nur der eigene Sprößling sollte einen anderen Weg wählen.

Eduard Eyth hat sich auch schriftstellerisch hervorgetan. Schon 1831 als Student brachte er sein erstes literarisches Werk heraus: *Hilarolypos*, eine von ihm selbst auf altgriechisch verfaßte Gedichtsammlung. Später folgten zahlreiche Übersetzungen aus dem Griechischen und Lateinischen, Nachdichtungen alttestamentlicher Gesänge sowie Schulbücher, darunter sogenannte *Mnemonische Geschichtstafeln*, die das Erlernen historischer Daten nach mnemotechnischen Prinzipien – die Eyth selbst offenbar hervorragend beherrschte – erleichtern sollten. Er gehörte dem weiteren Freundeskreis um Ludwig Uhland und Justinus Kerner an und schrieb selbst Lyrik, die er zuerst 1843 unter dem Titel *Gedichte*, ab der dritten Auflage 1856 unter dem Titel *Bilder in Rahmen* veröffentlichte. Rudolf Krauß in seiner *Schwäbischen Litteraturgeschichte* von 1897 urteilt darüber: „Die christliche Ethik bildet den Kern seiner Poesie auch da, wo nicht unmittelbar religiöse Stoffe behandelt sind. [...] Aber hei-

tere Anmut und Leichtigkeit kennt seine strenge und etwas spröde Muse nicht.“ Als Pädagoge hielt Eduard Eyth sich selbst für erfolgreich, David Friedrich Strauß dagegen fürchtete seinen „ästhetisierenden Pietismus“.

Daß der Vater kein weltabgewandter Träumer war, erkennt man aus den Verhandlungen, die er mit dem Kirchheimer Stadtschultheiß von Schöntal aus führte: Weil das Seminar dort konfessionell isoliert, schlecht versorgt und überhaupt schwer zu erreichen war, wurde eine Verlegung nach Kirchheim ins dortige Schloß betrieben. 1862 rechnete Eduard Eyth in einem Brief dem Kirchheimer Bürgermeister vor, die entstehenden Unkosten seien in Wahrheit nichts als vorgestrecktes Kapital, das binnen kurzem mit Zinsen wieder hereinkäme. Wenn die Verlegung letztlich doch unterblieb, lag es nicht an der mangelnden Überzeugungskraft des Vaters, sondern daran, daß die Raumverhältnisse im Kirchheimer Schloß letztlich noch ungünstiger gewesen wären als in Schöntal.

Die Mutter.

Nach ihrer Hochzeit 1835 mit Eduard Eyth brachte Julie Eyth, geb. Capoll (1816–1904), Tochter eines Oberzollverwalters, zunächst den ältesten Sohn Max, 1839 die Tochter Julie und 1851 den zweiten Sohn Eduard, genannt „der Jüngere“, zur Welt. Obwohl sie, wie ihr Mann schrieb, „ihren Beruf im Kreise der Familie“ fand, ist sie doch dank ihrem Mann nicht nur Hausfrau und Mutter geblieben, sondern ebenfalls schriftstellerisch hervorgetreten. *Christoterpe* hieß ein von dem Kirchheimer Diakon Albert Knapp herausgegebenes Jahrbuch. Gemäß der im Namen angedeuteten Verbindung von Christus und Euterpe, der Muse von Lyrik und Musik, sollte darin christliche Literatur gegen die um sich greifende Verweltlichung angehen. Regelmäßig hatte Eduard Eyth hier Prosa und Gedichte veröffentlicht, von 1842 an erschienen auch gelegentlich Aphorismen „Aus den Papieren einer Unbekannten. Mitgetheilt – nicht von ihr“. Die Aphorismen stammten aus der Feder von Julie Eyth. Gesammelt gab ihr Mann sie 1852 anonym als Buch unter dem Titel *Bilder ohne Rahmen* heraus. Der Band erfuhr bis in die 1880er Jahre hinein mehrere, vermehrte Auflagen und wurde ins Holländische und Schwedische übersetzt, doch die Autorin blieb anonym bis 1884, als ein Nachruf auf den Vater im *Schwäbischen Merkur* das Geheimnis lüftete. Exakt eintausend Aphorismen enthalten die *Bilder ohne Rahmen* von der fünften Auflage an, die dank einem alphabetisch geordneten Register von „A B C“ und „Abendmahl“ bis „Zusammensein“ und „Zweifel“ wie eine christliche Hausapotheke genutzt werden können. Der Sohn hat in späteren Lebensjahren immer wieder in dem Buch gelesen und es ihm nahestehenden Freunden geschenkt. Einmal schrieb er dazu: „Für mich ist es natürlich etwas mehr als ein bloßes Buch, wenn ich auch, wie Sie, vieles nicht unterschreibe.“ (GS6, 425)

Verbundenheit trotz aller Meinungsverschiedenheiten charakterisiert Max Eyths Verhältnis zu seiner Mutter. Über vierzig Jahre lang schrieb er, mindestens einmal pro Woche, Briefe nach Hause. Diese

Briefe waren meist, nach dem Tod des Vaters dann ausschließlich an die Mutter gerichtet. Die Briefe waren hervorragende stilistische Fingerübungen und wurden zum Grundstock für viele von Eyths Publikationen. In ihnen konnte es durchaus einmal zum „Meinungskrieg“ mit dem „lieben Max“ kommen (GS5, 363), doch der Faden riß nie ab. Am Ende seines Lebens verzichtete Eyth sogar auf alle weiteren Reisepläne, um in Ulm in der Nähe seiner alten Mutter zu bleiben, wo sie nur zwei Jahre vor ihm gestorben ist.

Schöntal.

1841 wurde Eduard Eyth von Kirchheim an das Evangelische Seminar im ehemaligen Kloster Schöntal an der Jagst versetzt, eine jener typisch württembergischen Ausbildungsstätten für angehende Theologen. Mit fünf Jahren kam Max Eyth hierher, mit sechzehn hat er das „Waldkloster“ wieder verlassen, wo er nach Privatunterricht durch den Vater als „Hospes“, also Gast, am Unterricht teilnahm, „den Staub und Moder der fürchterlichen Klassiker“ einatmete und erste Gedichte schrieb. (GS1, 12f) Immer wieder hat er in seinen Briefen, aber auch in seinen Erzählungen an die Jugendzeit im stillen Kloster erinnert, und immer wieder hat er dabei die Weltfremdheit und Vergangenheitsverliebtheit des dort gelehrten Humanismus angeprangert.
Geradezu ein Lesebuchklassiker wurde seine Einleitung „Wie man vor einem halben Jahrhundert Ingenieur wurde“ zu *Im Strom unserer Zeit* von 1904. Anstatt Cornelius Nepos zu repetieren, erzählt er dort, habe er sich eines Samstagnachmittags über den Bergrücken in das benachbarte Kochertal davongestohlen, um in Ernsbach den wasserbetriebenen Eisenhammer anzusehen. Die Bewegungen, die Kraft, die Geräusche dieser Maschine, der „einzigen Spur industriellen Lebens weit und breit in jener von allem Verkehr abgeschnittenen Gegend“, habe den „Trieb“ in ihm geweckt, anstelle des schon von Vater und Großvater beschrittenen und auch für ihn vorgesehenen Weges der Theologie oder Philologie eine andere Bahn einzu-

Max Eyth vor Kloster Schöntal, Aquarell von Unbekannt (um 1852)

schlagen. (GS5, 7) Etwa neun Jahre sei er damals alt gewesen; zwölf Jahre, heißt es an anderer Stelle. (Lebendige Kräfte, 18) Die Episode ist der Versuch, ein Schlüsselerlebnis literarisch zu gestalten. Die Gestaltung ist einprägsam gelungen, wenn man bedenkt, daß mehrere Generationen von Pädagogen sie der Jugend zur Ermunterung und Nachahmung vorlegten. Immerhin war Max Eyth rechtschaffen genug anzufügen, daß der Weg vom Anblick des Eisenhammers bis zum fertigen Ingenieur noch weit war. Einen ersten Schritt stellte der schon in Schöntal erhaltene Mathematik-unterricht dar, der den Jungen entzückte und „die klassische Welt in schönem, wesenlosem Scheine" versinken ließ. Im Roman *Der Schneider von Ulm* hat Max Eyth seinem Lehrer ein literarisches Denkmal gesetzt: Dort erhält der junge Albrecht Berblinger, der die Klosterschule von Blaubeuren besucht, private Mathematikstunden von „Magister und Hilfslehrer Zeller" (GS2, 159) – Christian Zeller war der wirkliche Name von Eyths eigenem Lehrer in Schöntal.

Bei aller wohlkalkulierten Polemik gegen die Weltferne, welche das Leben im Kloster symbolisiert, hat Eyth dennoch, als er 1882 aus England nach Deutschland zurückkehrte, gleich als erstes einen Abstecher nach Schöntal gemacht. Er mußte einräumen: „Der alte Klosterwinkel hat es mir nun einmal angetan. Kein Wunder, denn ich verdanke diesen grauen Mauern, diesen grünen Halden und Wäldern und dieser Stille, in der ich aufwuchs, ein gut Teil von dem bißchen Kraft, die ich draußen im Lärm des Lebens brauchen konnte." (GS6, 15) Und nicht nur Kraft hat ihm die „Poesie jener grünen Klostereinsamkeit" (GS5, 6) gegeben, sie hat ihm auch Stoff und Anregung für seine ersten literarischen Werke geschenkt.

Mönch und Landsknecht.

Mönch und Landsknecht. Heidelberg: Winter 1882. / 2. Ausgabe: Heidelberg: Winter 1886. / Wieder in: Gesammelte Schriften, Band 4, 1909.

242 Seiten lang ist das zu einem Buch gebundene Manuskript mit dem Titel „Mönch und Lanzknecht“ [sic], das der Vater mit einem Widmungsgedicht zu seinem 44. Geburtstag erhielt. Somit dürfte die umfangreiche Erzählung aus dem Jahr 1853 stammen, als Max Eyth 17 Jahre alt war. Erst 1882, also fast dreißig Jahre später, wurde sie gedruckt. Schauplatz der historischen „Erzählung aus dem Bauernkrieg“, wie es im Untertitel heißt, ist Kloster Schöntal im Jahr 1524. Auch die Götzenburg in Jagsthausen und andere umliegende Orte und Stätten im Tauber-, Jagst- und Kochertal werden genannt. Der Mönch und der Landsknecht aus dem Titel sind zwei Brüder, welche programmatisch die gegensätzlichen Pole Geistlichkeit und Weltlichkeit verkörpern. Bei der Erstürmung des Klosters durch Bauern unter der Führung von Florian Geyer finden sie wieder zusammen, die Tatkraft des Landsknechts Rudolf rettet seinem standhaft duldenden Bruder, dem Mönch Bernhard, der durch hinterlistige Intrigen vom unbarmherzigen Abt zum Tod durch Einmauern verurteilt wurde, sogar das Leben.

Dem evangelisch erzogenen Beinah-Klosterschüler Eyth wird es ein Vergnügen gewesen sein, die Dekadenz, Selbstherrlichkeit und Willkür der katholischen Mönche anzuprangern. Ob es ihm auch gefallen hat, die Verwüstungen auszumalen, die die Bauern in der Stätte seiner Jugend angerichtet haben? So zeigt sich Kloster Schöntal nach dem Abzug der Empörer:

Es war wieder still im Kloster wie früher; denn nur noch einige wenige, die in irgendeinem Winkel der Abtei den Abzug ihrer Kameraden verschlafen hatten, taumelten erschrocken durch die öden, leeren Gänge und suchten in den Zellen. Durch die eingeschlagenen Fensterscheiben sauste der Wind über die umgeworfenen, zertrümmerten Geräte und spielte mit den herumgestreuten Pergamentblättern, aber keine menschliche Stimme antwortete ihrem wiederholten, lauten Ruf. – Sie suchten auch in der Kirche; die Orgel war zerschlagen, der Altar umgestürzt, die Kanzel zerschmettert; nur das hohe, majestätische Gewölbe bog sich noch trotzig über dem Schutt und der Zerstörung; aber auch hier war alles still. – Sie suchten im Keller und fanden nur ausgetrunkene, umgelegte Fässer, halbverbrannte Fackeln und Scherben oder Waffen, die zufällig liegen geblieben waren. (GS4, 324)

Stuttgart.

Der im Kloster genossene Mathematikunterricht war offenbar so gut gewesen, daß Max Eyth nur noch ein knappes halbes Jahr die Realschule in Heilbronn besuchen mußte, bevor er im Oktober 1852, mit sechzehn Jahren also, an der Polytechnischen Hochschule in Stuttgart sein Studium aufnehmen konnte. Im Jahr 1840 war das Polytechnikum gegründet worden und befand sich damals in der Königstraße. Eyth kaufte sich Guglers Lehrbuch der beschreibenden Geometrie, arbeitete nachts die ersten 19 Kapitel durch und hatte das Gefühl, „daß ich nach meiner Ueberzeugung endlich da bin, wo ich hingehöre". (Jugendbriefe, 7) Nach Hause berichtete er von den Fächern, die er belegte: beschreibende Geometrie, niedere und höhere Analysis, Trigonometrie, Planzeichnen, Figurenzeichnen, allgemeine Mechanik, doch auch allgemeinbildende Fächer wie Deutsch, Französisch, Religion, Geschichte der Neuzeit, Freihandzeichnen und sogar Zoologie. Im Januar 1855 fiel die Entscheidung für die Fachrichtung Maschinenbau, und er verbrachte die ersten Stunden seines Lebens am Schraubstock.

Immer fühlbarer und energischer greift die Praxis allmählich in all mein Dichten und Trachten herein. Lange Tabellen über Schraubenbolzen und Röhrenverbindungen, endlose Angaben über Dichte und Festigkeit von Eisen, Stahl, Kupfer, Blei, Zink, Ahorn, Buchsbaum, Mörtel aus England und Seile aus Straßburg und Lothringen ersetzen in meinen Heften die mathematischen Formeln und Berechnungen. (Max Eyth als Student, 37)

Max Eyth als „Stauffe" (1855)

Eyth erhielt mehrere Klassen- und Fachpreise; als er nach vier Jahren Studium entlassen wurde, hatte er nach eigener Aussage die ersten Preise in höherer Mathematik und in praktischem Maschinenzeichnen in der Tasche. (GS1, 13)
Bei allem Fleiß und Erfolg war er ein geselliger Kommilitone. So schaffte er gleich während der ersten Woche in seiner Klasse das noch gebräuchliche „Sie" unter den Mitschülern ab. Auch wurde er von verschiedenen Verbindungen umworben, bis er sich für die 1847 gegründete Stauffia entschied. Diese älteste Stuttgarter Studentenverbindung geht auf einen zwei Jahre zuvor am Polytechnikum entstandenen Liederkranz zurück und zählt zu ihren Mitgliedern weitere Persönlichkeiten aus Industrie und Technik wie Gottlieb Daimler, Hugo Henkel oder Jakob Fred Schöllkopf. Im Oktober 1854 entschloß sich Max Eyth zum Eintritt in den inneren Verband. Neben den obligatorischen Kneipabenden hielten sich die Mitglieder auch gegenseitig Vorträge über Gegenstände wie „Entwicklung der Eisenbahnen", „Über den Bergbau", „Heimatliebe und Völker", „Architektur im Altertum" oder „Die Freudenmädchen". Eyth selbst referierte mit achtzehn Jahren über das Thema „Natur und Freiheit". Es gab nur ein Gebiet, auf dem sich Max Eyth offenbar mit weniger als dem gewohnten Erfolg bewegte: die Tanzstunden. „Ich tanze nur noch principiell, wozu ich leider eine gewisse Art von Tanzinstrumenten gebrauchen muß, so man gewöhnlich Fräulein nennt." (Jugendbriefe, 21)
Trotz aller Begeisterung, mit seinem Studium endlich das richtige Fach gefunden zu haben, war Eyth hin- und hergerissen von der Frage, ob er nicht vielleicht doch „Literat" werden sollte. Dabei träumte er keineswegs nur so ins Blaue hinein, im Gegenteil: Seit seinem elften Lebensjahr schrieb Eyth Gedichte. Sein Nachlaß ent-

hält ein halbes Dutzend handgeschriebener Gedichtsammlungen von mehreren hundert Seiten aus den Jahren 1847 bis 1860. Vom November 1852, also vom Anfang seiner Stuttgarter Zeit, stammt das folgende, später mehrfach überarbeitete Sonett:

Aus der Residenz. 1. In den Anlagen

Von zwei bis drei ging ich eins mals spazieren
Ganz sittsamlich u. dachte dieß u. das;
Und horchte ganz behaglich hin im Gras;
Weiß Gott, wie's kam? mich fing was an zu rühren.

Begeistert war ich auf das Gras gesunken –
Die Luft ist plötzlich duftig, ist so rein!
Ich wähne in der Heimath Wald zu sein
Und rufe schmerzensvoll u. wonnetrunken:

Natur! Natur! mein einzig Ideal!
Dich find ich nirgends, find dich überall! –
Horch! horch! da spricht's – ein grinsend Zähneblecken –

„Gehn's da heraus! Wolln's da herausgeh'n! He![“]
Und durch's Gebüsch erglänzte – welcher Schrecken! –
Des Portiers scharlachfarbige Livrée.

Außer Gedichten hatte Max Eyth ebenfalls schon in Schöntal begonnen, Erzählungen zu schreiben, womit er sein ganzes Studium hindurch fortfuhr. Man fragt sich, woher er noch neben den vielen, langen Briefen nach Hause die Zeit dafür nahm, denn die Erzählungen sind zum Teil ausgesprochen umfangreich. Nach *Mönch und Landsknecht* arbeitete er von März 1853 bis November 1854 an dem Roman *Der Zigeuner*, den er in zwei handgeschriebenen Bänden von 500 bzw. 366 Seiten der Schwester 1854 zu Weihnachten schenkte. *Der Zigeuner* blieb unveröffentlicht, ebenso ein undatiertes Lustspiel mit dem Titel *Mercur*, doch andere Werke aus den Studienjahren wurden teils gleich, teils mit einigen Jahren Verzögerung gedruckt. Sie seien im folgenden vorgestellt.

Die ersten Tanzschuhe.

Die ersten Tanzschuhe. Laut Max Eyth zuerst 1855 in der Neckarzeitung veröffentlicht. / Wieder in: Wanderbuch eines Ingenieurs, Band 3, 1871; Feierstunden, 1893 und 1904; Gesammelte Schriften, Band 4, 1909.

Ein selbstbewußter angehender Maschinenbauer schrieb seiner Mutter vor dem Weihnachtsfest 1855: „Eine Novelle, die erste, mit der ich die Morgenblätter bestürmen will, ist übrigens doch mit Begeisterung entworfen und theilweise ausgeführt. Sie ist nur fast ein wenig zu tief und zu wild und zu närrisch für den wildermuth'schen Kinderwindelton, der gegenwärtig dieses unglückliche Journal beherrscht." (Jugendbriefe, 27) Wild erscheint einem die Geschichte nicht, ein wenig närrisch allenfalls. Sie trägt den Untertitel „Aus den Jugenderinnerungen eines alten Präceptors", und der Sohn mag darin, neben eigenen Tanzstundenqualen, eine Anekdote aus seines Vaters Jugend verarbeitet haben. Aus der Ich-Perspektive berichtet der frisch aus der Klosterschule entlassene Eduard, wie er auf einem Ball daheim in Heilbronn seine jüngst erworbenen Fertigkeiten im Tanzen unter Beweis stellen will. Daran hindert ihn allerdings zum einen seine Verlegenheit, zum anderen der Umstand, daß die neuen Tanzschuhe zu groß sind, weshalb er sie mit einigen Handvoll Moos ausstopft. Doch als er die lange schon verehrte Emilie in seinen Armen hält, sind alle Hindernisse wie weggeblasen:

Wie lang ich so tanzte, ohne zu wissen, was ich tat, weiß ich wieder nicht. Es ging so leicht, so schwebend, die Musik, die mir früher unerträglich rasch vorgekommen war, trug und wiegte mich; ich fühlte nichts vom Boden, hörte nicht die Paare, die wir zurückließen, die uns verwundert nachsahen; in meinen Adern glühte es, aber nicht unruhig und unbändig. Ich wiegte mich in schönem Maß und Takt, wie die alten Griechen getanzt haben mochten, wenn sie am Meeresstrande den Frühling begrüßten. Da ging langsam die Türe des Saales auf. Kühl und frisch wehte der Nordwind in das schwüle Gemach herein. Unwillkürlich flog mein Blick über die freie Mitte des Bodens. Dort, vom Zuge leicht bewegt, tanzte und hüpfte in wunderlichen Kreisen und Ringen – eine Flocke Moos.

Hätte man mich in diesem Moment in einen eiskalten Strom gestürzt, ich hätte mich glücklich geschätzt. Einen Augenblick betrachtete ich mit starrem Entsetzen das dämonische Spiel der Flocke, dann sah ich auf meine Füße. Und welcher Anblick! Mein rechter Schuh war halb hinuntergetreten und ein wohl fünf Zoll langes Schwänzlein meines verhängnisvollen Ausstopfmaterials wedelte und zappelte hinterdrein und flog bei jedem Schritt luftig in die Höhe. (GS4, 37f)

Es kommt, wie es kommen muß: Unter dem Hohngelächter aller Anwesenden flieht der verliebte Tänzer aus dem Saal. Sechs Jahre später kehrt er zurück und trifft sich noch einmal mit Emilie. Sie trägt inzwischen einen Ring am Finger, aber die Erinnerung noch im Herzen und schenkt Eduard, sorgfältig in Papier eingewickelt und versiegelt – eine Flocke Moos.

Schlehen.

Schlehen. In: Salon. Unterhaltungsblatt zur Frauen-Zeitung. Stuttgart: Metzler 1859, in Fortsetzungen ab Nr. 18 vom 15. September bis Nr. 24 vom 15. Dezember. / Wieder in: Wanderbuch eines Ingenieurs, Band 3, 1871; Feierstunden, 1893 und 1904; Gesammelte Schriften, Band 4, 1909.

Schon im April 1856 meldete Eyth der Mutter den Abschluß eines neuen Werks. Er habe „die letzten Seiten meiner Novelle, die ich schon in Schönthal angefangen hatte“, vollendet und sei noch so „gerührt“ davon, daß er sie unmöglich sauber ins Reine schreiben könne. Das möge bitte der Vater besorgen lassen. (Jugendbriefe, 29) Beide Eltern erwiesen sich gleich als kritische Leser: Die Mutter

Erstdruck der Erzählung *Schlehen*

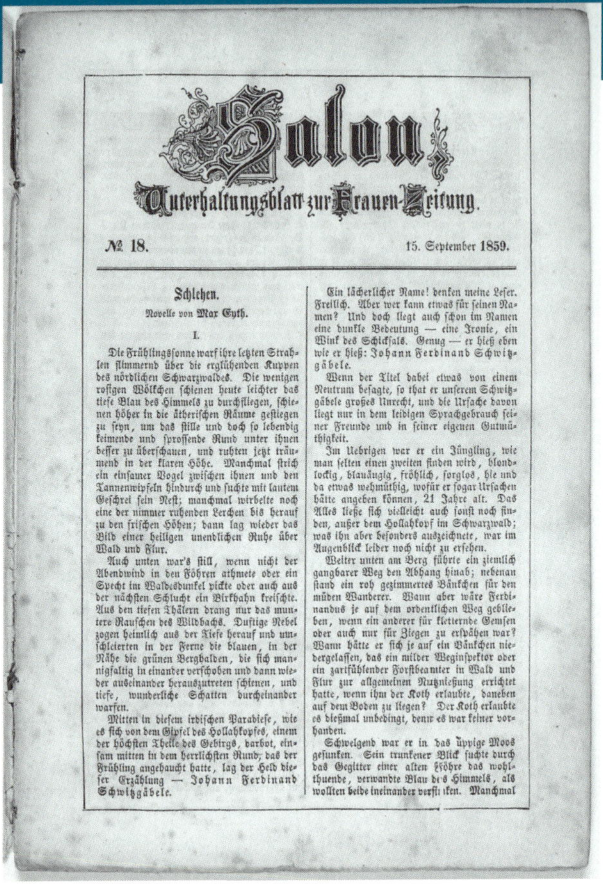

Salon.
Unterhaltungsblatt zur Frauen-Zeitung.

№ 18. 15. September 1859.

Schlehen.

Novelle von **Max Eyth.**

I.

Die Frühlingssonne warf ihre letzten Strahlen flimmernd über die erglühenden Kuppen des nördlichen Schwarzwaldes. Die wenigen rosigen Wölkchen schienen heute leichter das tiefe Blau des Himmels zu durchfliegen, schienen höher in die ätherischen Räume gestiegen zu seyn, um das stille und doch so lebendig keimende und sprossende Rund unter ihnen besser zu überschauen, und ruhten jetzt träumend in der klaren Höhe. Manchmal strich ein einsamer Vogel zwischen ihnen und den Tannenwipfeln hindurch und suchte mit lautem Geschrei sein Nest; manchmal wirbelte noch eine der nimmer ruhenden Lerchen bis herauf zu den frischen Höhen; dann lag wieder das Bild einer heiligen unendlichen Ruhe über Wald und Flur.

Auch unten war's still, wenn nicht der Abendwind in den Föhren athmete oder ein Specht im Waldesdunkel pickte oder auch aus der nächsten Schlucht ein Birkhahn kreischte. Aus den tiefen Thälern drang nur das muntere Rauschen des Wildbachs. Duftige Nebel zogen heimlich aus der Tiefe herauf und umschleierten in der Ferne die blauen, in der Nähe die grünen Berghalden, die sich mannigfaltig in einander verschoben und dann wieder auseinander herauszutreten schienen, und tiefe, wunderliche Schatten durcheinander warfen.

Mitten in diesem irdischen Paradiese, wie es sich von dem Gipfel des Hollahkopfes, einem der höchsten Theile des Gebirgs, darbot, einsam mitten in dem herrlichsten Rund, das der Frühling angehaucht hatte, lag der Held dieser Erzählung — Johann Ferdinand Schwitzgäbele.

Ein lächerlicher Name! denken meine Leser. Freilich. Aber wer kann etwas für seinen Namen? Und doch liegt auch schon im Namen eine dunkle Bedeutung — eine Ironie, ein Wink des Schicksals. Genug — er hieß eben wie er hieß: Johann Ferdinand Schwitzgäbele.

Wenn der Titel dabei etwas von einem Neutrum besagte, so that er unserem Schwitzgäbele großes Unrecht, und die Ursache davon liegt nur in dem leidigen Sprachgebrauch seiner Freunde und in seiner eigenen Gutmüthigkeit.

Im Uebrigen war er ein Jüngling, wie man selten einen zweiten finden wird, blondlockig, blauäugig, fröhlich, sorglos, hie und da etwas wehmüthig, wofür er sogar Ursachen hätte angeben können, 21 Jahre alt. Das Alles ließe sich vielleicht auch sonst noch finden, außer dem Hollahkopf im Schwarzwald; was ihn aber besonders auszeichnete, war im Augenblick leider noch nicht zu ersehen.

Weiter unten am Berg führte ein ziemlich gangbarer Weg den Abhang hinab; nebenan stand ein roh gezimmertes Bänkchen für den müden Wanderer. Wann aber wäre Ferdinandus je auf dem ordentlichen Weg geblieben, wenn ein anderer für kletternde Gemsen oder auch nur für Ziegen zu erspähen war? Wann hätte er sich je auf ein Bänkchen niedergelassen, das ein milder Weginspektor oder ein zartfühlender Forstbeamter in Wald und Flur zur allgemeinen Nutznießung errichtet hatte, wenn ihm der Koth erlaubte, daneben auf dem Boden zu liegen? Der Koth erlaubte es dießmal unbedingt, denn es war keiner vorhanden.

Schwelgend war er in das üppige Moos gesunken. Sein trunkener Blick suchte durch das Geglitter einer alten Föhre das wohlthuende, verwandte Blau des Himmels, als wollten beide ineinander versinken. Manchmal

bemängelte das Vorkommen von Pomeranzen, die nur in Spanien, nicht aber im Schwarzwald wüchsen, wo die Geschichte spielt; dem Vater mißfiel der Name der Hauptfigur. Selbstsicher setzte sich der junge Autor zur Wehr. So durfte die Pomeranze am Baum hängenbleiben, und Johann Jakob Schwitzgäbele „heißt eben so und kann nichts dafür“. (Jugendbriefe, 30)

Für eine Novelle, wie Eyth sie nennt, ist der zeitliche Rahmen der Geschichte zu ausgreifend. Doch zeigt die wiederholte Erwähnung der schon im Titel genannten „Schlehen“, daß er bemüht war um ein für die Novellistik seiner Zeit typisches Dingsymbol. Wie in der letzten Erzählung das Moos, sind es nun die Schlehen: Unter ihren Blüten sieht der Waisenjunge und Jura-Kandidat Schwitzgäbele zum ersten Mal das weibliche Augenpaar, das ihn von nun an in seinen Bann schlägt. Unglücklicherweise gehört es der Schwester seines besten Freundes, der ihm die Heirat mit ihr verbietet; da reifen gerade die Schlehen im Schloßhof. Wieder unter einem blühenden Schlehenbusch liegt Schwitzgäbeles Grab, als Schwester und Bruder es gemeinsam aufsuchen:

Was sie dachten, sagte keines dem andern. – Hedwig kniete endlich nieder, griff mit der weißen Hand in die Schlehenblüten und brach sich ein Zweiglein. Halblaut streifte sie dann die Blumen ab und sah zu Artur hinauf.

„Sie welken doch", sagte sie auf seinen fragenden Blick. „Ich will mir einen Dorn mitnehmen." – – –

Und die Moral der Geschichte? – Hedwig fragte in jenem Augenblick nicht nach der Moral, aber eine heiße Träne fiel aus ihren schönen Augen auf den rauhen Boden – auf das Grab des letzten Schwitzgäbele. (GS4, 83)

Der Invalide.

Der Invalide. Laut Max Eyth zuerst veröffentlicht in: Salon. Unterhaltungsblatt zur Frauen-Zeitung. Stuttgart: Metzler 1860; dort nicht nachgewiesen. / Wieder in: Wanderbuch eines Ingenieurs, Band 3, 1871; Feierstunden, 1893 und 1904; Gesammelte Schriften, Band 4, 1909.

Wieder steht im Mittelpunkt ein junger Mann, den die Liebe trifft, als er sich gerade um eine ordentliche berufliche Stellung im Leben bemüht. Doch anders als Schwitzgäbele, der Hedwig zuliebe sein Examen versäumte und sie dann doch nicht bekam, hat Albrecht Wolfbach – so heißt der neue Protagonist – mehr Glück: Er erhält die Stelle als Förster und die geliebte Agnes noch dazu. Sein künstlerisches Talent hätte ihn allerdings beinahe beides gekostet. Anstatt sich nämlich pünktlich zum Vorstellungsgespräch beim Forstrat einzufinden, läßt er sich verleiten, für einen alten Invaliden auf dem Jahrmarkt dessen Marionettentheater zu bedienen. Weil er dabei stadtbekannte Persönlichkeiten auf den Arm nimmt, findet er großen Anklang beim Publikum und füllt die Kasse des Alten:

Er hatte eine merkwürdige Geschicklichkeit, Stimmen nachzuahmen und gab sich Mühe.

„Der Stadtschreiber! Der Stadtschreiber!" jubelte der halbe Marktplatz nach den ersten Worten der würdig sich bewegenden neuen Figur. Alles kam in Aufruhr. Die Karusselle hielten mitten im Laufe an, aus den Panoramas kamen die Leute hervor, als gebe es eine Feuersbrunst. Die Leierkasten mit ihrem erschütternden Mordgeschrei standen verlassen abseits. Ein dichter Kreis, immer mehr anschwellend, bildete sich um das Marionettentheater.

„Schon fünfzehn Kreuzer!" flüsterte der Invalide zu Albrecht hinein. „Der ganze Markt läuft zusammen!" (GS4, 89)

Drei Polizeidiener machen dem Schauspiel schließlich ein Ende. Albrecht kann unerkannt entfliehen, wird aber wegen „gefährlicher demagogischer Verschwörung" gesucht. Letztlich wird sich die Eskapade nicht zum Nachteil seiner Karriere auswirken, doch erkennt man hier einen Konflikt wieder, der den Autor Max Eyth zur Zeit, als er die Geschichte schrieb, sicherlich in ähnlicher Weise beschäftigte: der Konflikt zwischen der Kunst auf der einen und einem ‚vernünftigen' Beruf auf der anderen Seite.

Volkmar.

Vorabdrucke: Wandernd. In: Morgenblatt für gebildete Leser, Stuttgart: Cotta 1861, Nr. 43 vom 22. Oktober, S. 1024f. / Das Siegesfest. Ebd., Nr. 49 vom 3. Dezember, S. 1166-1168.

Volkmar. Historisch-romantisches Gedicht. Leipzig: Grunow 1863. / 2. Ausgabe: Leipzig: Grunow 1865. / 3. Ausgabe: Heidelberg: Winter 1876. / Wieder in: Gesammelte Schriften, Band 4, 1909.

Dort, wo der Feuer letztes
Aufflackt am schwarzen Stein,
Dort, wo ein frischgewetztes
Schwert blinkt im Mondenschein:
Dort saßen zwei beisammen
Und hielten treue Wacht;
Sie schürten gut die Flammen,
Vom Nachtwind angefacht.
Der eine – ein alter Degen,
Konrad von Staufeneck,
Der andre – jung, verwegen,
Ein Knabe, frisch und keck;
Der eine wohl ein Ritter
Mit blut'gem Wappenschild;
Der andre trug die Zither
Für den bemalten Schild:
Der eine aus rost'gen Klingen
Wetzt sich die Scharten aus;
Des andern lautes Singen
Schallt in die Nacht hinaus:
„Und ob du gesprochen
Das bittere Wort,
Die Treue gebrochen,
Den heiligsten Hort –
Ob Felsen zerstauben,
Der Erdball zerbricht,
Ich kann es nicht glauben,
Ich glaube dir nicht!
[...]" (GS4, 482)

Volkmar heißt der blondgelockte, blauäugige Held der gleichnamigen Verserzählung. Er hat beides in sich vereint: den Sänger und den Krieger, mit anderen Worten: die Kunst und den Beruf. Volkmar schlägt die Leier und bewährt sich im Kampf. Er wird sogar entschei-

dend in den Kriegsverlauf eingreifen und durch die Macht seines Gesanges König Friedrich zum Thronverzicht zugunsten seines Bruders Ludwig bewegen. Die Handlung liegt diesmal noch weiter zurück als in *Mönch und Landsknecht*, sie „fällt in den Kaiserstreit von Ludwig dem Bayern und Friedrich dem Schönen von Österreich (um das Jahr 1322)". (GS4, 458) Ließen die bisherigen Erzählungen Anklänge an Eduard Mörike, Hermann Kurz oder Franz Grillparzer erkennen, so ahmt *Volkmar* romantische Versepen wie die eines Ludwig Uhland nach, vor allem aber den 1854 gerade mit großem Erfolg herausgekommenen *Trompeter von Säckingen* des Rechtspraktikanten Joseph Victor Scheffel.
1862, als Max Eyth schon seit einem Jahr in der Dampfpflugfabrik in England arbeitet, wird ihm aus der Heimat sein Werk druckfrisch zugeschickt – sein erstes Buch! „Sechs Jahre sind's, seit ich die ersten Reime dazu schmiedete; wie anders sieht's um mich und in mir aus!" (GS5, 89) Somit reicht die Entstehungszeit des *Volkmar* bis zum Ende des Studiums oder zum Beginn der Berufstätigkeit zurück. Den „Keim" zu seinem Werk sieht Eyth aber schon in seiner Kindheit angelegt, als Vater und Mutter ihn verstehen lehrten, „was graue Mauern/In grauen Zeiten einst gesehn", wie er in einem Widmungsgedicht des *Volkmar* „An meine Eltern" schreibt. (Wanderbuch eines Ingenieurs, Band 3, 201f)

Heilbronn.

Von Schöntal aus verbrachte Max Eyth die Ferien häufig bei seinen Großeltern väterlicherseits in Heilbronn. Der Großvater Friedrich Gottlieb Eyth (1785-1864), verheiratet mit der Pfarrerstochter Christine Beate, geb. Fehleisen (1786–1872), war Professor für alte Sprachen am Heilbronner Gymnasium. Er soll seinen Enkel Max „Meisbuabua", auf hochdeutsch „meines Buben Buben", genannt und überhaupt Sinn für Humor besessen haben. Der erwachsene Max Eyth erinnerte sich, daß seine damals mit dem Großvater unternommenen Spaziergänge sie immer wieder zu den Säge- und

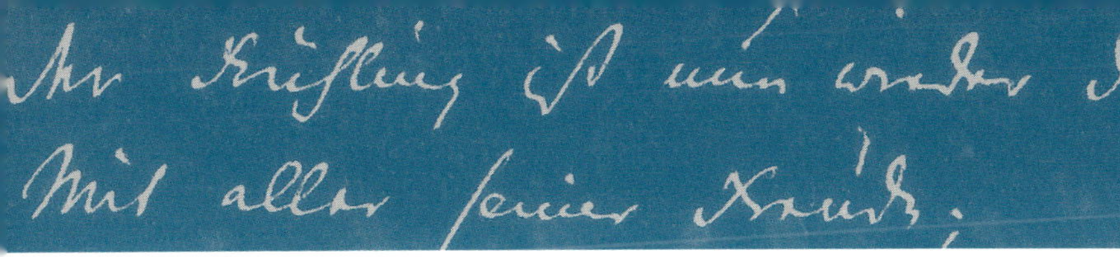

Schleifmühlen und der Papiermühle von Heilbronn führten. Diese interessierten wohl den Enkel, weniger aber den Großvater, der „viel lieber griechische und hebräische Bücher lesen mochte als Schleifmühlen ansehen“ (GS6, 444f) – eine Variante des Schlüsselerlebnisses vom Ernsbacher Eisenhammer, diesmal nach Heilbronn versetzt.

Eyths allererstes Gedicht nennt dagegen andere Wanderziele. Es gilt dem Großvater und entstand an Eyths elftem Geburtstag:

Der Frühling

Der Frühling ist nun wieder da
Mit aller seiner Freude;
Komm mit mir, lieber Großpapa;
Wir gehn nun auf die Waide!

Dort sind so viele Schäfellein
Und Storchen giebt es auch;
Die haben lange, lange Bein
Und einen kurzen Bauch.

Komm mit komm mit mir in den Wald;
Dort ist's so kühl u. frisch;
Nun schlagen aus die Blätter bald
An Bäumen u. Gebüsch.

Wir wollen auf die Berge gehn
Und sehn so weit, so weit,
Und dann den lieben Gott anflehn
Um gute Erntezeit.

Später wurde Heilbronn gleich zweimal der Ort eines recht rauhen Erwachens: 1852 erfuhr Eyth „die empfindliche Degradation vom Seminaristen zum Realschüler“ (Jugendbriefe, 5), als er „5 Monate

„Der Frühling“, spätere Abschrift von Max Eyth: „Mein erstes Gedicht“

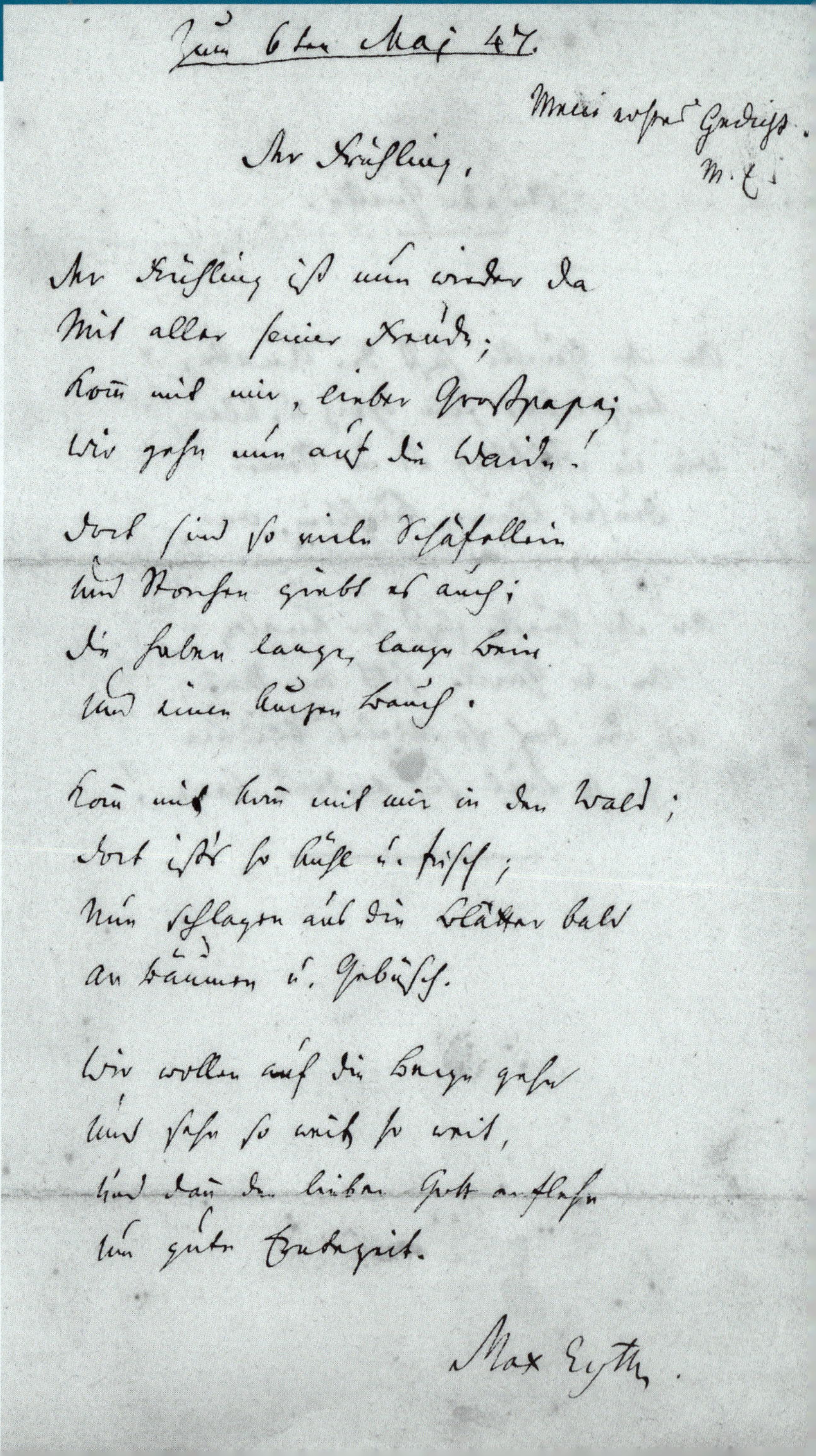

Zum 6ten Mai 47.

Mein erstes Gedicht.
M. E.

Der Frühling.

Der Frühling ist nun wieder da
Mit aller seiner Freude;
Komm mit mir, lieber Großpapa;
Wir gehn nun auf die Weide!

Dort sind so viele Schäflein
Und Storchen giebt es auch;
Die haben lange, lange Bein
Und einen kurzen Bauch.

Komm mit komm mit mir in den Wald;
Dort ist's so kühl u. frisch;
Nun schlagen aus die Blätter bald
An Bäumen u. Gebüsch.

Wir wollen auf die Berge gehn
Und sehn so weit so weit,
Und dann den lieben Gott anflehn
Um gute Erntezeit.

Max Eyth.

lang in Heilbronn theils in der Oberreal-Classe theils im oberen Gymnasium die für ihn zweckmäßigen Lectionen", also etwa Stereometrie, Physik oder Algebra, zur Vorbereitung auf das Polytechnikum besuchte, wie der Großvater vorsorglich mit Unterschrift und Siegel bescheinigte.
Vier Jahre später, im November 1856, trat Max Eyth seine erste Stelle in der Hahn & Göbelschen Maschinenfabrik in Heilbronn an. Diesen „Sprung aus den luftigen Höhen einer polytechnischen Schule in die Tiefen der Praxis" (GS4, 5), diesen „zermalmenden Sturz in das Werkstättenleben" (GS1, 12) hat Eyth an verschiedenen Stellen seines Werks beschrieben. Noch die Plagen der Lehrlingszeit, die Albrecht Berblinger als angehender „Schneider von Ulm" zu erdulden hat, mögen ein spätes Echo jener Erfahrung sein.
An unmittelbaren Zeugnissen gibt es einen Brief aus Heilbronn vom 7. Dezember 1856, ausnahmsweise an den Vater gerichtet. Daraus geht hervor, daß Eyth die Arbeit langweilig und ermüdend fand, weshalb er nebenher einen „Romanzencyklus lyrischer Natur" gedichtet habe (Jugendbriefe, 31), der später den Titel *Lieder am Schraubstock* erhielt. Nach sechs Wochen sei ihm in Heilbronn gekündigt worden, erzählt Eyth 1904, also aus fünfzigjähriger Distanz, im Vorwort zur Neuauflage der *Feierstunden*, und er erzählt es so, daß man glauben kann, ihm sei wegen seiner poetischen Nebenbeschäftigung gekündigt worden. Erneut läßt er also seine beiden Neigungen und Talente, die Kunst und den Beruf, feindlich aufeinanderprallen. Jedoch, so die altersweise Deutung seines Jugenderlebnisses, will er sich von diesem Moment an für die Arbeit und gegen das Dichten entschieden haben. (GS4, 8f)

Lieder am Schraubstock.

Lieder am Schraubstock. In: Wanderbuch eines Ingenieurs, Band 3, 1871. / Wieder in: Feierstunden, 1893 und 1904; Gesammelte Schriften, Band 4, 1909.

Die *Lieder am Schraubstock* sind ein kleiner Zyklus von zwölf Gedichten, die erst 1871, also fünfzehn Jahre nach ihrer Entstehung, im dritten Band des *Wanderbuchs eines Ingenieurs* gedruckt wurden. Im eben erwähnten Brief aus Heilbronn vom 7. Dezember 1856 hatte Eyth dem Vater dazu geschrieben:

Es gilt, einmal dem Fabrik- und Maschinenwesen eine poetische Stellung zu erkämpfen. Das will ich. Man hat genug mit Rittern und Nonnen, mit Commerzienräthen und Köhlern zu thun gehabt. Die Leute sehen den poetischen Wald vor Bäumen nicht. Ich seh' ihn und stecke Gott Lob mitten drin! (Jugendbriefe, 31)

Das war eine Absage an das gesamte Themenarsenal der biedermeierlichen Dichtung, und es war auch eine Absage an seine eigene bisherige Literatur. In der Tat muß man dem damals nur zwanzig Jahre alten Eyth zugestehen, daß er die Möglichkeit erkannt und in Maßen auch genutzt hat, sein gegenwärtiges Umfeld, nämlich die Fabrik, in die Dichtung einzuführen. Die erste literarische Fabrikbeschreibung datieren die Literarhistoriker mit Karl Immermanns Roman *Die Epigonen* auf 1836. Fünf Jahre zuvor schon hatte Adelbert von Chamisso *Das Dampfroß* bedichtet; 1846 kam es zu einer kleinen poetischen Kontroverse zwischen Justinus Kerner und Gottfried Keller über die Frage, ob mit dem Aufkommen von Technik und Industrialisierung das Ende der Dichtung gekommen – so Kerner – oder vielmehr eine Bereicherung der Literatur – so Keller – gegeben sei. Den ersten vollständigen Roman über den Arbeitsalltag in einer Fabrik schrieb Charles Dickens 1854 mit *Harte Zeiten*. Eyths Gedichte von 1856 waren also durchaus ein bemerkenswerter Vorstoß in einen zu seiner Zeit neuen Stoffkreis. Wirklich werden Requisiten aus dem Umfeld der Fabrik, werden Stahl und Eisen, Kamine und Esse, Hammer und Meißel in fast jedem der zwölf Gedichte erwähnt.

Doch sind sie eben selten mehr als Requisiten, die das Hauptthema der Gedichte ausstaffieren, welches nun wieder so alt ist wie die Dichtung selbst: unglückliche Liebe.

Damals und jetzt

Und als ich zum erstenmal sie gesehen,
Wie sauste der Hammer – die Feile, wie!
Ich ließ den Schweiß auf der Stirne stehen
Und schaffte und sparte und dachte an s i e.

Zum zweiten Male – da hat ihr gedämmert
Ein Gruß um die Lipp' – ich vergess' es nie,
Und wie ich verjubelt, was ich erhämmert,
In einer trunkenen Nacht für s i e.

Doch jetzt – wo ist das alles geblieben?
Mir ist so bitter ums Herz, so schwer;
Ich schlag' ins Feuer, daß Funken stieben,
Ich peitsche das Eisen in Kreuz und Quer.

Und nachts, wie wenn mich ein Satan triebe,
Beiß' ich die Zähne ins harte Glas –
Weiß nimmer, wohin mit meiner Liebe,
Und weiß nicht, wohin mit meinem Haß. (GS4, 601)

Werkstatt und Fabrik sind Ausdruck der feindlichen Welt, welcher der liebeskranke romantische Jüngling sich gegenübersieht. Einmal nur wird über die persönliche Geschichte hinaus der Umbruch in den Blick genommen, den die Industrialisierung mit sich brachte und noch bringen sollte: In dem Gedicht *Nachts* verfluchen zwei Bauern die Hochöfen, die satanisches Feuer speien, wo früher des einen Wiese war. Wobei auch dieser Umbruch Ausdruck einer biographischen Erfahrung war: In *Neue Tannen* zum Beispiel beklagt

der Dichter das Verschwinden der Wälder seiner Kinderzeit, die Fabrikschloten weichen mußten.
Auf jeden Fall ließ Eyth seiner Ankündigung, „dem Fabrik- und Maschinenwesen eine poetische Stellung zu erkämpfen“, keine weiteren Taten folgen. Die *Lieder am Schraubstock* fanden keine Fortsetzung, es sei denn, man möchte die erst über vierzig Jahre später geschriebenen Gedichte aus *Hinter Pflug und Schraubstock* als die Einlösung des jugendlichen Vorsatzes ansehen.

Lina Kaim.

Der „arkadische Schlosser“, wie Eyth sich damals selbstironisch nannte, hatte offensichtlich Liebeskummer. Seine Liebe hatte Lina Kaim gegolten, mit vollem Namen Charlotte Louise Caroline Kaim, geboren im gleichen Jahr wie Max Eyth in Kirchheim und Tochter des dort ansässigen Klavierfabrikanten Franz Anton Kaim. Während seines Studiums am Polytechnikum war Eyth mehrmals von Stuttgart aus zu ihr nach Kirchheim gefahren. Er mußte sich von Mutter und Großmutter deswegen hänseln lassen und erleben, wie die Beziehung „‚im Einvernehmen der Eltern‘ abgekühlt und schließlich beendet“ wurde. (Mück/Blum, 107) Ein fiktives Grabmal seiner Liebe datiert auf den 19. September 1855.
Lina Kaim heiratete 1857 den Instrumentenmacher Karl Günther. Er war seit 1846 Teilhaber der Firma, die drei Generationen lang bis 1933 preisgekrönte Kaim-Klaviere in aller Welt vertrieb. Karl Günther brachte bei der Heirat Kinder aus einer früheren Ehe mit, was der enttäuschte Max Eyth nicht unkommentiert ließ. Am 2. Dezember 1857 schrieb er der Mutter:
Vor 14 Tagen hat Lina Hochzeit gehabt. Es hat alles seine Richtigkeit. Sie hat 6 Kinder angetreten. Ihre Mutter wollte es nicht leiden. Sie ist also nicht gezwungen worden. Früher erzählte sie mir einmal, wie sie immer durch ihre Mutter abgehalten worden sei, Diakonissin zu werden. Sie ist's jetzt doch geworden, nein noch mehr! – Wenn ich mir's so recht lebhaft denke, möchte ich alles zusammenschlagen; mein altes,

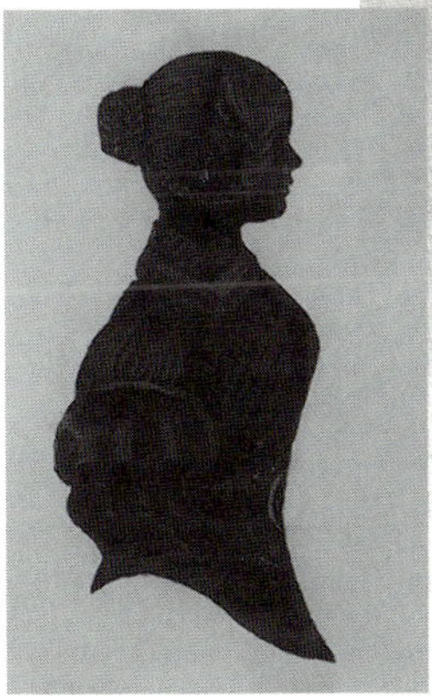

treues Klavierlein leidet schwer unter solchen Stimmungen. Ich kann ihm nicht helfen. (Jugendbriefe, 33)

Ein kleines Nachspiel sei erwähnt: Dr. Franz Kaim, ein Neffe von Lina, übernahm 1888 die Filiale der elterlichen Fabrik in München, wo er 1891 die „Kaim-Konzerte" ins Leben rief und zwei Jahre später das Münchner Philharmonische Orchester gründete. Im April 1897 verbrachte Eyth von Ulm aus einige Tage in München und besuchte dort eines jener „Kaim-Konzerte". Im Tagebuch notierte er: „Es ist in der Tat der Kirchheimer Kaim." (BSchr, 52) Sollten ihm noch weitere Erinnerungen gekommen sein, hat er sie seinem Tagebuch jedenfalls nicht anvertraut.

Die Frauen.

Max Eyth blieb sein Leben lang unverheiratet. Wahrscheinlich hätte er als Ehemann oder gar Familienvater einen äußerlich derart bewegten Lebensstil wie den seinen gar nicht beibehalten können. Jeden-

falls verdankte er schon seine Anstellung bei dem englischen Dampfpflughersteller John Fowler im Herbst 1861 unter anderem der Tatsache, daß er ledig war:

Mr. Fowler fragte mich zum Beginn der Verhandlung, vermutlich infolge meines achtunggebietenden Schnurrbarts, ob ich verheiratet sei? Als ich aber im Vollgefühl meiner Freiheit ihn mit verächtlichem Lächeln des Gegenteils versicherte, sagte er, allerdings auf Englisch: „Drum – Sie haben viel zu reisen!" Da hob sich mein Herz, und ich betete, pharisäisch auf alle entzündlichen Herzen herabblickend: „Ich danke dir, Gott, daß du mich nicht verheiratet hast!" (GS5, 60)

Der pharisäische Unterton des Stoßgebets verrät allerdings, daß die Entscheidung für den Beruf und gegen die Liebe nicht ganz aus freien Stücken fiel. Meist behagte Eyth sein ungestörtes Leben mit sich allein sehr wohl, manchmal hätte er aber auch gerne eine „Brücke ans andere Ufer" gefunden. (GS1, 465) Infolge dieser Unentschiedenheit brachte er es als junger Mann wiederholt fertig, sich jeweils erst kurz vor dem Aufbruch zu einem neuen Arbeitsort zu verlieben. Als älterer Mann schätzte er unverbindliche Reisebekanntschaften. Die letzten Jahre seines Lebens schließlich opferte Eyth einer Frau: seiner Mutter. Er lebte in einem regelrechten Frauenhaushalt, dem außer der alten Mutter deren Haushälterin Emma Heintzeler, ein Dienstmädchen und zeitweilig seine Nichte Selma Kraut, eine Tochter seiner verstorbenen Schwester, angehörten.

Über seine literarischen Hauptwerke, die während jener Zeit entstanden, sagte er ausdrücklich: „Sie sind nicht für Frauen geschrieben". (GS6, 470) Interessanterweise teilte er dies ausgerechnet einer Frau mit, nämlich der Schriftstellerin Lili du Bois-Reymond, die ihn beim Abfassen seiner Bücher beraten durfte und gelegentlich auch half, die Korrekturen zu lesen. Einmal meinte Eyth, sich ihr gegenüber rechtfertigen zu müssen, warum sein Roman *Der Kampf um die Cheopspyramide* zwei Liebesgeschichten enthalte und noch dazu mit einer Doppelhochzeit ende. Dies sei reine Episode und keinesfalls als Zugeständnis an die – vermeintlichen – Vorlieben weiblicher Leserinnen zu werten:

Es gibt nichts Schwachköpfigeres, nichts Uninteressanteres, nichts Unbrauchbareres als Wesen im Zustand der Verliebtheit. Das weiß man im wirklichen Leben recht gut und läßt sie allein. Nach der Krankheit werden es vielleicht wieder ganz vernünftige Menschen, während derselben sind sie, auch in Büchern, nur genießbar für solche, die ähnlich veranlagt sind oder es werden möchten. [...] Ich wollte nun für Männer schreiben oder jedenfalls nicht vorzüglich für Frauen. Das ist mein Recht. Und ich werde wahrscheinlich dafür büßen. Das ist meine Pflicht. (GS6, 488f)

Berg bei Stuttgart.

Nach seiner Kündigung durch Göbel in Heilbronn trat Max Eyth im Januar 1857 seine zweite Stelle an, nämlich in der Maschinenfabrik von Gotthilf Kuhn in Stuttgart-Berg, oder damals noch Berg bei Stuttgart. Die Kuhnsche Fabrik war 1830 gegründet worden und inzwischen eine der größten Dampfmaschinenfabriken in Württemberg. Zunächst begann Eyth wieder in den Werkstätten zu arbeiten, wurde aber diesmal nicht hinausgeworfen, sondern konnte nach einiger Zeit ins technische Büro aufsteigen, „woselbst Herr Eyth“, dem Abschlußzeugnis zufolge, „sowohl mit der Construction einzelner Maschinen wie auch mit den Dispositionen für die Anlagen verschiedener technischen Gewerbe betraut werden konnte“. Seinen Tagesablauf schilderte er nach Hause:

Aufgestanden um 5 ½ Uhr. Skizziert bis 7 ½ Uhr. Gefrühstückt. 8–12 Bureau. Zu Mittag gegessen. Nach Cannstatt herüber und hinüber und Clavier gespielt. 2–7 Uhr Bureau. Nachtessen bis 8 Uhr. Skizziert bis 10 Uhr. Ins Bett gegangen. Und so Tag für Tag zum verwechseln ähnlich. (Jugendbriefe, 35)

Lohnzettel vom 17. Januar 1857

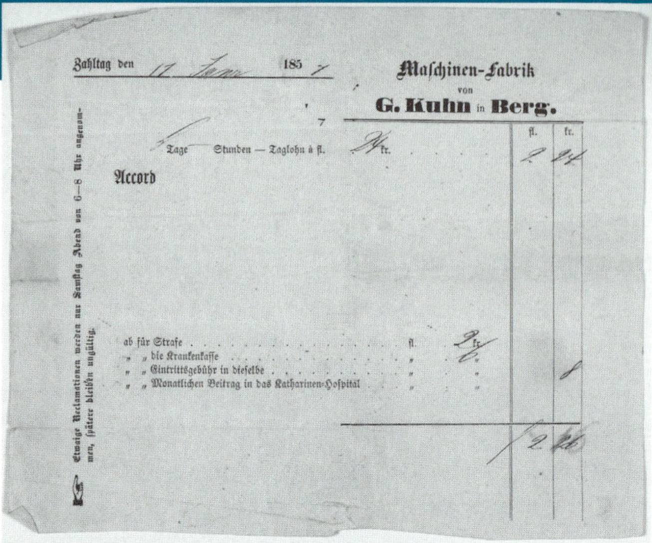
Zahltag den 17 Janr 1857

Maschinen-Fabrik
von
G. Kuhn in Berg.

Tage Stunden — Taglohn à fl. kr. | fl. | kr.

Accord

ab für Strafe . . . . . fl. kr.
„ „ die Krankenkasse . . . . . „ „
„ „ Eintrittsgebühr in dieselbe . . . . . „ „
„ „ Monatlichen Beitrag in das Katharinen-Hospital . . . . . „ „

Etwaige Reclamationen werden nur Samstag Abend von 6–8 Uhr angenommen, spätere bleiben ungültig.

Erste eigene Arbeiten wurden ihm anvertraut: ein Lagerbock, ein Holzgestell für Zentrifugen in einer Böblinger Zuckerfabrik (GS1, 14), und bald auch erste „Geschäftsreischen“: zur Reparatur einer Sägemühle in Unterweißach bei Backnang oder der Kesselanlage einer Spinnerei in Steinen im Wiesental. Eyth erwies sich als geschickter Reise-Ingenieur-Kaufmann, der sich nicht nur auf die Technik verstand, sondern auch mit den Kunden umzugehen wußte. Literarisches produzierte er kaum mehr – sieht man einmal von den weiterhin regelmäßig nach Hause geschriebenen Briefen ab. Vielmehr erschienen von 1858 an seine ersten Fachaufsätze in der Zeitschrift *Der Civilingenieur*. Einen dichterischen „Rückfall“, wie er selbst es nannte, erfuhr er allerdings in Steinen, veranlaßt durch den Besuch des Geburtshauses von Johann Peter Hebel im benachbarten Hausen im Wiesental. (GS5, 22f)

Eine dritte Dienstreise führte ihn im Herbst 1860 nach Paris, wo er sich die Lenoirsche Gasmaschine ansehen sollte. Der französische Mechaniker Jean Joseph Étienne Lenoir hatte 1860 den ersten betriebsfähigen Gasmotor entwickelt, an den später Nikolaus August Otto anknüpfen sollte. Wie viele andere Unternehmer auch hatte Gotthilf Kuhn daraufhin in der eigenen Fabrik in Berg versucht, selbst einen Gasmotor zu konstruieren, doch ohne Erfolg. So schickte er Max Eyth nach Paris, um das Vorbild in Augenschein zu nehmen. Eine „Spionenfahrt", wie dieser später schrieb (GS5, 31), war es eigentlich nicht, denn Lenoirs Motor war der Öffentlichkeit allgemein zugänglich ausgestellt. Bei seiner Besichtigung will Eyth sogleich den Fehler in der Kuhnschen Konstruktion erkannt und nach der Rückkehr verbessert haben, doch sollte die Firma Kuhn für die Geschichte der Gasmotorenentwicklung weiter keine herausragende Rolle spielen. Dagegen gab die Parisreise für Eyth den Anstoß, im Frühjahr 1861 bei Kuhn zu kündigen, um außerhalb Württembergs in einem der fortschrittlicheren Industriezentren Europas eine neue Stelle zu suchen.

Scharaden.

Scharaden. In: Wanderbuch eines Ingenieurs, Band 3, 1871. / Wieder in: Feierstunden, 1893 und 1904; Gesammelte Schriften, Band 4, 1909.

Schon als Junge hatte Max Eyth für die Großeltern Bilder- und Buchstaben-Rätsel erfunden, Rebusse genannt. Als angehender Ingenieur pflegte er eine neue literarische Rätselgattung: die der Scharade. Bei diesem Silbenrätsel wird das zu erratende Wort in mehrere, in sich sinnvolle Silben zerlegt – zum Beispiel: Haus-vogt-ei-platz –, deren Bedeutung ebenso wie die des ganzen Wortes in Versen umschrieben wird. Am Ende seines Außendiensteinsatzes in Steinen im Januar 1860 beschäftigte Eyth sich nicht nur mit dem Abdichten der Kesselanlage, sondern auch dem Dichten solcher Scharaden. Jeden Tag entstand eine neue, an deren Enträtselung sich dann der ganze Ort beteiligte – „diese Spielerei wurde zur förmlichen Manie". (GS5, 26) Der Mutter schenkte er zu ihrem Geburtstag am 17. Januar 1860 die Abschrift von neun solcher Scharaden, sechs davon wurden 1871 in Band 3 des *Wanderbuchs eines Ingenieurs* abgedruckt unter dem von Theodor Körner entliehenen Motto: „Aller Orthographie zum Schrecken".

Fünfsilbig

1.2.
Es ist so keusch, so himmlisch rein;
Nichts Ird'sches geht darüber;
Doch ehrlich: – ohne Heil'genschein
War mir's von jeher lieber.
3.
So kurz es ist, es liegt darin
Auf deutsch ein Meer von Klagen;
Doch schreib' es nur lateinisch hin,
Dann hat es nichts zu sagen.
4.5.
Kannst du in beiden auch, ich wett',
Nur reinen Unsinn finden,
Ist's eine doch von vornen nett,
Das andre nett von hinten.
1.2.3.4.5.
Wir sind, obwohl gar steif und starr,
Ein Völklein muntrer Zwerge;
Wir graben nicht, wie mancher Narr,
Nach Gold im tiefen Berge;
Sechs Batzen nur und ein Befehl –
So sind wir Leben, Feuer –
Sind bald gar niedlich und fidel,
Bald schwarze Ungeheuer;
Es lachen alt und jung zugleich
Und jubeln ohne Zweifel,
Holt uns nach manchem bösen Streich
Noch unser eigner Teufel. (GS4, 594f)

Auflösung: Marionetten

Madonna.

Madonna. In: Wanderbuch eines Ingenieurs, Band 3, 1871. / Wieder in: Feierstunden, 1893 und 1904; Gesammelte Schriften, Band 4, 1909.

Nach seinem Abschied von Gottlieb Kuhn in Berg – das Abschlußzeugnis ist auf den 1. Februar 1861 datiert – machte Eyth zunächst eine Fußwanderung nach Norditalien. Da er sich ja gewissermaßen auf einer Urlaubsreise befand, durfte er auch wieder schriftstellern. So entstand als Frucht dieser Reise die Erzählung *Madonna*, wie eine Herausgebernotiz von Eduard Eyth im *Wanderbuch eines Ingenieurs* verrät. (Band 1, 24) *Madonna* ist ein italienisches Eifersuchtsdrama, angesiedelt am Ufer des Comer Sees. Die Erzählung verdankt der Lektüre Heysescher Novellen ebensoviel wie den eigenen Reiseeindrücken, allerdings sollte die Tatsache, daß Eyth die Geschichte in Ich-Form schrieb, nicht zu der Annahme verleiten, es handle sich um ein wahres Erlebnis des Autors.

Der Erzähler in *Madonna* reist in Begleitung von Dr. Würmle, einem schwäbischen Spinnenforscher:

Wir trafen Würmle sehr niedergeschlagen. Auch der Verwalter war der Ansicht, daß sich bei Como Taranteln auftreiben ließen. Und er selbst, Dr. Würmle, Privatgelehrter zu Tübingen in Schwaben, hatte erst vor einem halben Jahre in einem allgemein bewunderten kleinen Werke die Nordgrenze der Taranteln durch Neapel gezogen. Er schien Quecksilber in den Stiefeln zu haben. Er mußte ohne Verzug nach Como zurück, um so bald als möglich seine Forschungen antreten zu können, und war nicht zu bewegen, mich in die Villa della Casa zu begleiten. (GS4, 152)

Ausgerechnet der versponnene Würmle sollte auf seiner Suche nach Taranteln in einem halbverfallenen Haus in der Vorstadt von Como das Gespräch der gedungenen Mörder mit ihrem Auftraggeber belauschen. Aber zu spät, das Unglück nahm bereits seinen Lauf, der tödliche Ausgang war nicht mehr aufzuhalten.

Ruhrgebiet und Belgien.

In seiner Erzählung *Der blinde Passagier* aus *Hinter Pflug und Schraubstock* zitiert – oder erfindet – Max Eyth zwei Absagebriefe, die ihn bei seiner Arbeitssuche im Ruhrgebiet und in Belgien erreichten: der eine in höflichen französischen Floskeln gehalten, der andere barsch und bündig: „Unser Bureau ist besetzt. Wir können Sie nicht brauchen.“ Und er fügt hinzu, daß er eine ganze Reihe solcher Briefe erhalten habe, wechselnd im Ton, doch einig im Tenor: es gebe keine Stelle für ihn. (GS1, 5f)

Nach seiner Rückkehr aus Italien bereiste er vom 8. April 1861 an vier Wochen lang Industriezentren an Rhein, Ruhr und Maas, sowohl, um sich Arbeit zu suchen, als auch, um sich ein Bild vom neuesten technischen Stand der verschiedenen Industriezweige zu machen. Wenn er nicht aufgrund von Empfehlungsschreiben, unter anderem des württembergischen Industriepioniers Ferdinand Steinbeis, oder persönlicher Initiative direkt zu einem Gespräch eingeladen wurde, dann versuchte er sich wenigstens Zutritt zu den Werksgeländen zu beschaffen und sich dort herumführen zu lassen. Das gelang nicht immer, denn die Betriebe fürchteten Werkspionage. Doch verzeichnet ein Skizzenbuch mit der Aufschrift „Technische Notizen VIII“ aus dem Kirchheimer Teil des Nachlasses eine beeindruckende Anzahl von Unternehmen, in die Eyth auf diesem Weg Einblicke bekam: die Friedrich-Wilhelms-Hütte zwischen Troisdorf und Siegburg, die Kölnische Maschinenbau-Aktiengesellschaft im Süden Kölns und andere Kölner Eisenbau-Unternehmen sowie die Kölnische Baumwollspinnerei und Weberei, nicht zu vergessen die Dombaustelle, wo er – an einem Sonntag – vom Dombaumeister persönlich eine Führung erhielt. Südlich von Düsseldorf befand sich die Eisenhütte Hochdahl und die Aktiengesellschaft für Marmorindustrie, in Barmen die Maschinenfabrik A. Wever, hier ein Walzwerk, dort ein Drahthersteller, in Limburg-Lenne ein Bergwerks- und Hütten-Aktienverein und in Witten die Steinhauser Hütte. Von der Hermannshütte in Dortmund-Hörde fuhr er zur Gutehoffnungshütte

Aus Eyths Skizzenbuch „Technische Notizen VIII“

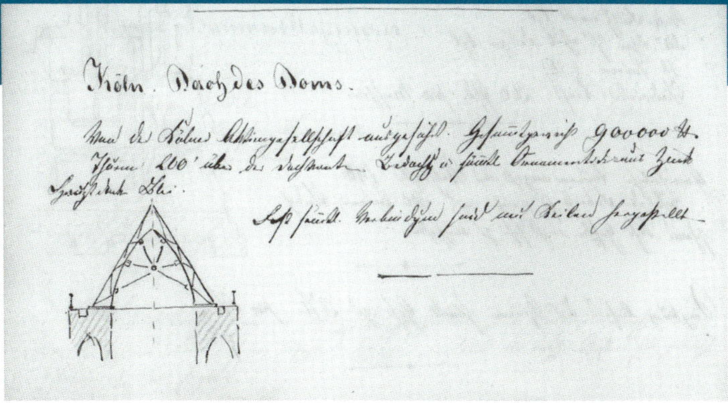

in Sterkrade – unter Verzicht auf einen Abstecher bei der Firma Krupp, die als Rüstungsbetrieb nicht zu besichtigen war – und weiter in das Industriegebiet um Stolberg, wo er eine Glasmanufaktur und eine Bleihütte besuchte. Sein Traum wäre eine Anstellung bei John Cockerill im belgischen Seraing gewesen, wo er sogar einen Vorstellungstermin erhielt, aber dann doch auch wieder nur einen Absagebrief; dies war der in höflichem Französisch gehaltene erste Brief aus *Der blinde Passagier*. Ebensowenig Glück hatte er in einer Eisengießerei oder bei der Gesellschaft für Eisenbahnbedarf in Brüssel. In Gent war an Arbeitssuche gar nicht zu denken, weil gerade am Tag von Eyths Ankunft ein Arbeiteraufstand ausbrach. So kam es, daß er am 5. Mai 1861 von Antwerpen aus den Kontinent verließ, um auf der britischen Insel seine Suche fortzusetzen.

England.

Die Überfahrt nach London – mit der unvermeidlichen Seekrankheit – bildet den Kern der Erzählung *Der blinde Passagier*. Das titelgebende Detail, daß nämlich Eyth seine Überfahrt nicht bezahlt und sich in London vergeblich bemüht habe, den Obulus nachträglich zu entrichten, dürfte ins Reich der Erfindungen zu verweisen sein.
„Das war also England, der Hort der Freiheit, der Kern der größten Weltmacht unsrer Zeit, das Ideal der jungen Maschinentechniker aller Welt“, denkt der „blinde Passagier“ in der Erzählung, als sein Schiff die Themse hinauffährt. (GS1, 30) Ein wenig nüchterner waren

die Briefe gehalten, die Eyth im Frühjahr 1861 tatsächlich aus London nach Hause schickte. Zwar spiegelten auch sie den großen Eindruck der Mehrmillionenstadt wider, doch bemerkte er ebenso, wie unglaublich teuer und übermenschlich groß alles sei. Die Stellensuche blieb auch hier erfolglos, nicht zuletzt, weil Eyth feststellen mußte, daß er statt der sorgsam gesammelten Zeugnisse lieber ein paar saubere Zeichnungen hätte mitnehmen sollen. Hier klingt das Thema an, das alle Gegenüberstellungen der kopflastigen, umständlichen Deutschen mit den empirisch und praktisch vorgehenden Engländern von nun an begleiten wird. Im Juli 1861 zog Eyth weiter nach Manchester, sah Wälder aus Fabrikschloten und das Elend des Proletariats. Auf einer Landwirtschaftsausstellung in Leeds, die er ohne besonderen Eifer besuchte, weil landwirtschaftliche Geräte ihn im Grunde gar nicht interessierten, begegnete er John Fowler (1826–1864), seinem künftigen Arbeitgeber. Dieser hatte seit einiger Zeit Erfolge mit der Entwicklung dampfbetriebener Pflüge erzielt und sollte der führende Dampfpflughersteller und -exporteur Englands werden. Mit nur 38 Jahren starb er während eines Erholungsurlaubs an den Folgen eines Reitunfalls. (Eyths Arbeitgeber John Fowler ist nicht zu verwechseln mit dem später geadelten Ingenieur Sir John Fowler [1817–1898], der am Bau der Londoner Untergrundbahn und der Brücke über den Firth of Forth beteiligt und in den 1870er Jahren ebenfalls in Ägypten tätig war.)

Eyth fing Anfang September in den Werkstätten bei Fowler an und stellte fest, daß die Arbeitszeit in englischen Fabriken zwei Stunden kürzer war als die in Schwaben, zudem wurden zusätzliche Abendstunden ab sechs Uhr mit höherem Lohn bezahlt. Er bewährte sich bei einem Monat Probepflügens auf dem Land in Hertfordshire und erfand in kurzer Folge zwei technische Verbesserungen, ohne die „das Fowlersche Zweimaschinensystem der Dampfkultur seine Bedeutung nicht hätte erlangen können“, wie er einem späteren Biographen mitteilte. (Ebner, 98) Von Mai bis September 1862 war Eyth verantwortlich für den Fowlerschen Stand auf der Londoner Weltausstellung, wurde – im Gegensatz zu den langsamen deutschen Kollegen – pünktlich zur Eröffnung mit allen Vorbereitungen fertig und ging sichtlich auf im Trubel der anfallenden Aufgaben:

Ich war nämlich gleichzeitig Schriftsteller, Übersetzer, Setzer (letzteres jedoch nur in Messingbuchstaben), Maler, Lackierer, Glaser, Schreiner, Schlosser, Tapezier, Maschinenwärter, Zeichner, Ingenieur, Laufbube, Gerichtszeuge, technischer Sachverständiger, Dolmetscher, Agent, Spediteur, Tagelöhner, Kaufmann und Dichter. (GS5, 77)

Besonders freute es ihn, als ihm die schwäbische Abordnung eine Sammlung alter Pflugmodelle aus der Landwirtschaftsschule Hohenheim anvertraute, für die sie selbst keinen Platz fand – zweifellos setzte er auf den Kontrast, der die neuen Fowlerschen Maschinen in um so hellerem Licht erstrahlen ließ.

Fowler war mit seinem jungen, hochmotivierten Mitarbeiter so zufrieden, daß er ihn für einen großen Auslandseinsatz vorsah. Nach Indien sollte es gehen oder nach Ägypten, um dort die Technik des Dampfpflügens einzuführen – und natürlich möglichst viele neue Maschinen abzusetzen. Wochenlang wurde Eyth hingehalten, ob er nun fahren sollte oder nicht, bis er ernsthaft überlegte zu kündigen, um sich „eine Zeitlang auf das mir verhaßteste aller verhaßten Handwerke" zu werfen und – zu schreiben. Er habe genug Material auf der Weltausstellung gesammelt, um für vier bis sechs Monate vom Schreiben leben zu können. (GS5, 96) Wirklich hatte er für Dinglers renommiertes *Polytechnisches Journal* schon einige Berichte geliefert, mitten in deren Abfassung hinein ihn übrigens das druckfrische Exemplar seines *Volkmar* erreichte. Unvermittelt erfolgte schließlich doch der Befehl zur Abreise, und Eyth wurde kein technischer Journalist, sondern schiffte sich ein, um via Ägypten nach Indien zu fahren.

Insgesamt zwanzig Jahre lang sollte er für das Fowlersche Etablissement arbeiten, bis die in die Firmenleitung nachwachsenden Söhne des Teilhabers David Greig ihn so verärgerten, daß er 1882 kündigte und England wieder verließ. Im Sommer des Jahres 1900 unternahm er noch einmal eine Reise nach Großbritannien, bei der er auch das Werk in Leeds besuchte. Im Tagebuch hielt er fest:

Den Morgen in der Fabrik. Bedeutende Änderungen, aber noch der alte wirre Kasten. Eine Menge alter Bekannter, die sich sichtlich freuen ‚Mac Id' wiederzusehen. Aber auch eine Menge, weitaus die Mehrzahl tot. Die ganze Brut der jungen Greigs ist spurlos verschwunden und scheint elend zu verlumpen. (BSchr, 165)

Der Dampfpflug.

Ein glänzender Sonnenaufgang begrüßte die Welt am nächsten Morgen. Ich ritt vergnügt am Kinel hinauf, meinen Dampfpflügen entgegen. Es war auch ein Anblick, der das Herz eines Dampfpflügers erfreuen konnte. An sechs Punkten in der weiten, wellenförmigen Steppenlandschaft stiegen kerzengerade weiße Säulen Rauches gen Himmel. Bald von da, bald von dort hörte man das klingende Rasseln der Stahlräder, das emsige Keuchen der Maschinen, die kurzen, eifrigen Signalpfiffe, die anzeigten, daß eine der Lokomotiven vorrückte und wieder ein Streifen der Erde, die noch nie das Licht des Tages erblickt hatte, in den Dienst der Menschheit getreten war. (GS5, 395f)

Den Sonnengesang des Dampfpflügers begleitet das regelmäßige Pfeifen seiner Maschinen, wie hier im Herbst 1876 in der russischen Steppe zwischen der Wolga und dem Ural, im Timaschwo bei Samara, dem Schauplatz der Erzählung *Der Tatarenrebell hinter dem Dampfpflug* aus *Hinter Pflug und Schraubstock.*

Eyth, der als angehender Ingenieur zunächst nur wenig Begeisterung für die Landwirtschaft aufbracht hatte, sollte schließlich zu einem „kleinen Propheten" der Dampfkultur werden, wie er sich selbst einmal nannte. (GS1, 77) Das System, das er vertrat, war das Fowlersche Zweimaschinensystem, dessen Funktionieren man sich so vorzustellen hat: Auf gegenüberliegenden Seiten des Feldes stehen zwei fahrbare Dampflokomotiven und bewegen an einem bis zu 600 Meter langen Stahlseil einen kippbaren Pflug zwischen sich hin und her. Jede Maschine wiegt 17 Tonnen, ist 7 Meter lang, 3 Meter breit und, ohne Kamin, 3 Meter hoch. Während die eine Lokomotive den Pflug zieht, rückt die andere um zwei Pflugbreiten vor – und gibt

Fig. 1. Zweimaschinensystem.

das eben gehörte Pfeifsignal. Die Dampfmaschinen fuhren also nicht über den Acker, sondern an dessen Rändern entlang. So mußte nur der Pflug selbst und nicht auch noch das Eigengewicht der Maschinen bewegt werden. Dadurch war die Arbeitsleistung erheblich: in zehn Stunden konnten bis zu 14 Hektar bearbeitet werden. Auf der anderen Seite war das System sehr aufwendig: Man brauchte bis zu 5 Mann Bedienungspersonal, und beide Maschinen zusammen benötigten täglich etwa 12000 Liter Wasser und 40 Zentner Kohlen. Dieses Verfahren war also nur für Großbetriebe geeignet.
Die beiden Erfindungen, die Max Eyth gleich zu Beginn seiner Anstellung bei Fowler machte, betrafen die Bewegung des Stahlseils, welches den Pflug zieht. Namentlich der Wickelapparat für die unter den Lokomotiven angebrachten horizontalen Seiltrommeln, den er sich 1862 patentieren ließ, machte das Fowlersche Zweimaschinensystem erst wirklich einsetzbar. In den folgenden Jahren und im Zuge seiner Reisen entwickelte Eyth spezielle Pflüge für die jeweiligen örtlichen Gegebenheiten: für Ägypten einen Baumwollpflug zum Ziehen von Wassergräben; für Rußland, wo Kohle knapp war, einen mit Strohfeuerung betriebenen Dampfpflug; für Schottland einen Pflug, der Felsbrocken heben und mit Dynamit zertrümmern konnte; einen Spezialpflug für die Zuckerrohrkultur in den amerikanischen Südstaaten, wo nach der Abschaffung der Sklaverei Dampfpflüge die Menschenarbeit ersetzen sollten; für Deutschland einen Pflug zum Zuckerrübenanbau, wobei er feststellen mußte, daß seine eigenen Landsleute, insbesondere die Württemberger, der neuen Technik am zögerlichsten gegenüberstanden.

Max Eyth: „Meine Gartentüre Schubra“ (1864)

In einem Vortrag von 1893 hielt Eyth rückblickend fest, daß der Dampfpflug letztlich keine Revolution in der Landwirtschaft hervorgebracht habe, anders als etwa die Eisenbahn für den Verkehr. Tatsächlich sollte nicht der Dampfkultur, sondern anderen Energiequellen wie Gas, Elektrizität oder vor allem Benzin die Zukunft gehören. Immerhin aber hatte die „Erste Bayerische Dampfpfluggenossenschaft“ in Regensburg Dampfpflüge noch bis in die 1960er Jahre hinein in Betrieb. (Ein in Kirchheim noch vorhandener Dampfpflugsatz von Fowler stammt von der Regensburger Genossenschaft.)

Ägypten.

Schon als Knabe will Eyth Pyramiden und die Sphinx an den Rand seiner Schulhefte gezeichnet haben: „Das Ziel meiner kindlichen Sehnsucht war Ägypten.“ (GS1, 48) Drei Jahre lang, von Februar 1863 bis Mai 1866, durfte er schließlich berufshalber im Land seiner Träume leben. Dem Leser seiner Autobiographie in Briefen bleiben diese drei Jahre nachdrücklich in Erinnerung als der farbigste, aufregendste, jugendfrischste und zukunftsfreudigste Abschnitt seiner Lebensgeschichte. Noch dazu spielt dieser Abschnitt vor einer exotischen Kulisse, in welche der europäische Ingenieur sich mit der Zeit so selbstverständlich einzufügen schien, als befände er sich auf einer Dienstreise im Südschwarzwald.
Eyths ägyptische Jahre fielen in eine goldene Zeit, sofern man eine Blütezeit des Kolonialismus als golden bezeichnen kann. Golden war sie zumindest für die englischen Dampfplughersteller, die Ägypten als neuen Absatzmarkt für ihre Maschinen entdeckten, nachdem Nordamerika wegen des Sezessionskriegs als Baumwollproduzent

Max Eyth in Ägypten, Photographie von D. Claus, Kairo (um 1865)

ausgefallen war. In Ägypten brach ein wahrer Baumwollboom los, an welchem auch Eyths späterer Vorgesetzter, der ägyptische Prinz Halim Pascha, teilhaben wollte. Halim war ein Onkel von Ismael Pascha, dem „Vizekönig", wie der ägyptische Herrschaftstitel seit der Machtergreifung durch den ehemaligen türkischen Statthalter Mohamed Ali 1811 lautete, und durch Intrigen aus der rechtmäßigen Erbfolge gedrängt worden. Der an der Pariser École polytechnique ausgebildete Ingenieur verfügte aber noch über ausgiebige Ländereien, auf denen er die neue Technik des Dampfpflügens eingeführt hatte. Ursprünglich sollte Eyth lediglich zwei Maschinen wieder instand setzen und dann zu seinem eigentlichen Bestimmungsort in Indien weiterreisen. Schon im April 1863 aber ernannte ihn Halim Pascha zu seinem neuen Chefingenieur und schloß mit ihm einen Dreijahresvertrag, dessen Bedingungen so günstig waren, daß Eyth noch im Jahr 1900 in Ulm von seinen damaligen Einnahmen Zinsen abheben konnte. In „Schubra, Choubrat, Shoobra, wie Ihr wollt, [...] vier englische Meilen nördlich von Kairo hart am Ufer des Nils, fast genau an dem Punkte, wo das Delta beginnt" (GS5, 114), bezog er ein eigenes Haus, war aber weiterhin ständig auf den Besitzungen Halim Paschas unterwegs, die von Damiette bis Assuan zerstreut lagen:

Morgen früh bin ich wieder auf dem Weg nach Mahallet el Mesir, wo nicht nur eine Maschine, sondern auch ein Maschinenwärter in Stücke gegangen ist. Übermorgen soll ich, koste es, was es wolle, wieder hier sein, um auf einer Insel, Schubra gegenüber, die nach Wasser schreit, eine Zentrifugalpumpe in Gang zu setzen, welche Hollier, der Pumpen-

Baschmahandi, in einer Weise aufgestellt hat, daß sie nicht einen Tropfen Wasser gibt. Dann geht's nach Theranis, um eine sechzigpferdige Pumpe mit Ventilen zu versehen, dann – doch weiter zu rechnen ist Wahnsinn, da ich morgens nie weiß, wo der Stein liegt, auf dem ich abends mein Haupt niederlege. (GS5, 143)

Nachdem auch Hollier, der anfänglich noch für die Wasserpumpen zuständige „Neben-Ingenieur", aus dem Feld geschlagen war, trug Eyth die Verantwortung über die gesamte Landmaschinen- und Bewässerungstechnik in Halim Paschas Besitz. Er entwickelte Patente für einen Baumwollpflug, für verschiedene Pumpsysteme, Sä- und Dreschmaschinen und bescherte dem Mutterwerk in Leeds Aufträge über 27 Dampfpflüge und mehr als hundert weitere dampfbetriebene Geräte, vornehmlich Bewässerungspumpen. Im Herbst 1865 wurde er noch beauftragt, einen Plan zur kommerziellen Wasserversorgung von Beirut zu entwerfen, womit Halim Pascha ebenfalls Geld verdienen wollte – und im Frühjahr 1866 mußte er erleben, wie der Vizekönig in einem Willkürakt fast alle Ländereien und nahezu den gesamten Maschinenpark von Halim Pascha konfiszierte. Damit wurde Eyth nicht länger gebraucht und konnte nach England zurückkehren.

Ein wahrhaftiges Schattenspiel tat sich ihm dann beinah fünfzehn Jahre später auf, als er 1880 im Auftrag von Fowler noch einmal nach Ägypten zurückkehrte:

Unter Bekanntem und Bekannten hat die Zeit fürchterlich aufgeräumt. Viele sind fort, viele tot, einer liegt in einem Armenhaus. Etlichen wenigen geht's wirklich gut. Doch was klage ich? Selbst Kleopatras Nadel ist verschwunden, um im Nebel der Themse ein trauriges Dasein weiterzuführen. Bei einem Besuch in Schubra, das so wüst und öde geworden, als ein solches Fleckchen der Erde es irgend werden kann, fand ich zwei meiner alten Dampfpflüger als Ziegenhirten wieder. Die neuen französischen Stadtteile Kairos fallen teilweise um. Das Opernhaus und die Theater stehen leer. Das Eldorado ist abgebrannt und ähnliche elysäische Gefilde füllen sich mit Sand, wie billig. (GS5, 586)

Der Waldteufel.

Der Waldteufel. Heilbronn: Henninger 1878. / 2. Auflage: Heilbronn: Henninger 1883. / Wieder in: Feierstunden, 1893 und 1904; Gesammelte Schriften, Band 4, 1909.

Für literarische Arbeiten nahm sich Halim Paschas „ingénieur en chef" keine Zeit. Ein Werk nur soll in Ägypten entstanden oder wenigstens begonnen worden sein, was man diesem jedoch kaum ansieht: Eyths einziges veröffentlichtes Lustspiel mit dem Titel *Der Waldteufel*. Im Vorwort zu den *Feierstunden* heißt es dazu:

> *Am wunderlichsten war vielleicht die Entstehungsgeschichte des Waldteufels, dessen erste beiden Aufzüge ich malaria- und heimwehkrank in einer Lehmhütte am versumpften Ufer des Burlossees, im Nildelta, schrieb. Ein Paket für Zuckerhüte bestimmten Umschlagpapiers, das sich in einer kleinen, verkrachten Zuckerfabrik der Nachbarschaft vorfand, kam mir hierbei sehr zustatten. Dem Stück aber merkt man an, hoffe ich, daß mich damals die alte Heimat wieder einmal gewaltsam ans Herz zu ziehen suchte. Glücklicherweise hatte ich genügend Chinin bei mir, so daß der Anfall ohne weitere Folgen vorüberging. (GS4, 9)*

Der Waldteufel ist eine Kleinstadtsatire, die von Ferne an Kotzebue gemahnt, aber sehr viel harmloser ist als dieser. Wie unschwer zu erkennen, ist die Hauptfigur, der weitgereiste, allen Gefahren trotzende Jäger Frank, ein Alter ego von Eyth selbst. Wie dieser hat auch Frank die Abenteuer der weiten Welt einer Existenz als Schulmeister vorgezogen. Anders als auf Eyth wartet aber auf Frank daheim in Waldhausen die Amtsrichterstochter Emilie Pflichterer, um schließlich die Seine zu werden; dies aber erst, nachdem ein weiterer Aspirant, der intrigante Jurastudent Blumenreich, aus dem Felde geschlagen wurde. Vorher liefern sich allerdings noch Starker, der Gerichtsdiener, und Schnell, der Postillion, eine Prügelei mit dem titelgebenden Waldteufel, einem von Frank aus dem Urwald mitgebrachten Affen, der dabei sein Leben lassen muß:

Starker *(wirft sich auf die Knie). O heiliger Nepomuk, erlös' mich aus dieser Not und laß ihn gewinnen; heiliger Ritter Georg, der du den Drachen überwunden –*

Schnell *(wieder aus der Nebenkammer hervorstürzend, unbewaffnet. Der Affe mit beiden Prügeln hinter ihm her). Platz, Platz, aus dem Weg! (Sie jagen sich in der Kammer umher. Beide verschwinden wieder in der Nebenkammer. Man hört etliche gewaltige Schläge.) (GS4, 428)*

Als bloßer Fieberanfall läßt *Der Waldteufel* sich nicht abtun. Eyth hat das Stück 1878 drucken lassen und ab der dritten Auflage von 1893 in seinen Band *Feierstunden* aufgenommen. Er hat sich später auch um Aufführungen bemüht, es 1903 sogar von dem Schriftsteller Ernst Clausen (Pseudonym für Claus Zehren) überarbeiten lassen, doch ist es nach Absagen durch Stuttgart 1897 und Berlin 1904 nie auf die Bühne gekommen. Außer Lacherfolgen beim Vorlesen im Familienkreis konnte Eyth keine weiteren Erfolge damit verzeichnen. Wirklich reife literarische Früchte sollten seine ägyptischen Jahre erst später tragen.

Auf Reisen.

Es ist an dieser Stelle unmöglich, auf das buntbewegte Leben der folgenden vierzehn Jahre auch nur andeutungsweise einzugehen. Über die Hälfte seiner Zeit war Eyth in fremden Landen, mehr als einmal in einem Jahre in drei verschiedenen Weltteilen. Man hatte ihn zwischen San Franzisko und Suez, zwischen Nischnij-Nowgorod und Panama zu suchen. Wenn auch teilweise mit andern technischen Aufgaben beschäftigt, wie die des Bergbaus und des Eisenbahnwesens, der Flußschiffahrt und der Wasserversorgung von Städten u. a., führte ihn doch seine Haupttätigkeit immer wieder der Landwirtschaft zu. In Louisiana und Illinois, in Puerto Rico und Trinidad, in Peru und Kalifornien, in der Provence und in Algier, in Irland und in der Provinz Sachsen, in Belgien und in der Romagna, in Ungarn und in Rumänien, in der Ukraine und in Dalmatien, in Rumelien und in Syrien, und noch dreimal in dem ihm fast heimatlich gewordenen Ägypten hatte er das oft

etwas herbe Glück, hinter dem Pfluge her sich an der Widerspenstigkeit des Bodens der höheren Kultur gegenüber zu ergötzen. (Lebenslauf, 21f)

So schreibt Max Eyth in einem von ihm selbst über sich selbst verfaßten Lebenslauf, und dem ist wenig hinzuzufügen. Genau genommen, waren es von 1866 bis 1882 sechzehn Jahre, die er als Fowlers wissenschaftlicher Generalstabschef und Auslandsagent in aller Welt tätig war. Nach seiner Rückkehr aus Ägypten beschäftigte er sich neben dem Dampfpflügen außerdem einige Jahre lang mit der sogenannten Tauereischiffahrt, bei der sich dampfbetriebene Schleppschiffe mit angehängten Frachtkähnen an Stahlseilen vorwärtsziehen, die auf dem Flußgrund verlegt wurden, ein Verfahren, das etwa auf dem Rhein oder dem Neckar noch bis ins 20. Jahrhundert hinein gebräuchlich war.

Einen Aufgabenbereich hat Eyth in seiner Aufzählung vergessen: Er war zuständig für den Stand der Firma Fowler auf den englischen Landwirtschaftsausstellungen und auch, wie schon 1862 in London, auf den in unregelmäßigen Abständen stattfindenden Weltausstellungen, so 1873 in Wien und 1878 in Paris. Und wenn, wie im Oktober 1881, der englische Regierungschef William Gladstone einen Kurzbesuch in Leeds machte, so illuminierte Eyth als oberster Ingenieur eben schnell auch noch den nächtlichen Garten des Firmenchefs. (GS5, 647) War er gerade nicht auf Reisen, dann lebte er im meist nebligen, regnerischen Leeds, um neue Techniken und Maschinen zu entwickeln. So eignete er sich zum Beispiel während seines vorletzten Winters in England noch die neuesten Erkenntnisse der Wärmetheorie an, weil er gerade mit Druckluftmaschinen experimentierte, welche die Firma für eine geplante Untertunnelung des Ärmelkanals herstellte. (GS5, 612f)

Beeindruckend ist die physische Beweglichkeit von Max Eyth, einem wahren Jetsetter aus der Zeit vor Erfindung des Flugzeugs. Wenn der Auftraggeber es verlangte, brachte er vierzehn Tage auf Schiff und Bahn zu, um mittels einer zwanzig Minuten dauernden Reparatur einen Dampfpflug in der Provence wieder flottzumachen. (GS5,

Max Eyth: „An Bord der City of Bristol“ (1868)

651ff) Oder er begab sich, wenn man dort wieder einmal seine Hilfe brauchte, schnellstmöglich auf den Weg nach Ägypten:

Am folgenden Morgen ging ich von London ab und war um sechs Uhr abends in Paris. Weiter, vom Bahnhof de Lyon, um acht Uhr. Samstag früh bei Tagesanbruch in der Gegend von Chambery. Mittags durch den Mont Cenis. Abends sechs in Turin. Weiter um halb acht. Nachts um zwei in Bologna. Bei Tagesanbruch eine Stunde vor Ankona. Mittags in Foggia. Abends halb elf in Brindisi aufs Schiff und ins Bett. Abfahrt, in tiefem Schlaf, um sechs. Bis Abend in Sicht der flachen italienischen Ostküste. Am folgenden Tag Griechenland und die südlichen griechischen Inseln. In der Morgendämmerung Kreta. Heute Wasser und Luft. Morgen um zehn Alexandrien. (GS5, 584)

Freilich konnte es auch geschehen, daß Eyth sich im Badischen vorkam wie ein „innerafrikanischer Entdeckungsreisender“, wenn er nach einem irgendwo zwischen Worms und Bruchsal gelegenen Ort namens Rosengarten suchte. (GS5, 371)

Der Ingenieur.

Vor kurzem war mein Neffe Max Eyth nahe daran zu verunglücken. Er fiel von einer Maschine herab auf den Kopf. Mehrere Löcher, ein paar eingebrochene Zähne – am Auge eine Geschwulst, ein verrenktes Knie – kurz alle möglichen Wunden trug dieser Held der Industrie an seinem Leibe davon. (Albert Steudel am 21. November 1880 an Carl Anton Fürst von Hohenzollern-Sigmaringen)

So nahm die daheimgebliebene schwäbische Verwandtschaft Anteil am Geschick des Ingenieurs, der dort draußen in der Welt um des Fortschritts willen Kopf und Kragen riskierte. Der Brief seines Onkels Albert Steudel berichtet von dem gefährlichsten Unfall, der Eyth während seiner Berufstätigkeit widerfuhr. Im November 1880 testete er im heimatlichen Werk in Leeds neue, aus Rumänien bestellte Dampfpflugmaschinen. Wegen einer rutschenden Leiter stürzte er aus zweieinhalb Metern Höhe von einer Lokomotive ab und fiel mit dem Kopf auf den Fabrikboden. Eine mittelschwere Gehirnerschütterung und die oben geschilderten Verletzungen waren die Folgen. Ebensogut hätte es auch sein letztes Stündlein gewesen sein können, meinte Eyth selbst und versuchte, die Eltern zu beruhigen: „Der Unfall war einer von denen, die in unserm mechanischen Leben zu tausend Malen vorkommen". (GS5, 619)

Es ist im Grunde erstaunlich, wie ungeschoren Max Eyth durch die vielen Jahre seines Berufslebens kam, das sich wahrlich nicht nur am Schreibtisch abspielte. Außer einem Sonnenstich und der ein oder anderen Krankheit, wie sie jeder Urlaubsreisende in fremden Ländern bekommen kann, ist kein weiterer nennenswerter Unfall verzeichnet, sieht man einmal von den gequetschten Fingern ab, die Eyth gelegentlich „in Gestalt eines schwäbischen Pfannküchleins" wieder aus einer seiner Maschinen zog. (GS5, 318) Dabei ist der Arbeitsalltag des Ingenieurs, wie Eyth ihn in seinen Briefen darstellt, überaus spannend – und überaus gekonnt geschildert, was beispielhaft die folgende Episode aus dem ägyptischen Theranis im Jahr 1863 belegen mag:

Das Gut liegt drei Meilen vom Nil auf dem rechten Ufer des Damiettearms. Die Maschine war aber, ehe ich ankam, unüberlegterweise am Nilufer selbst zusammengestellt worden. Zwischen dem Gut und diesem Punkte zieht sich ein breiter und tiefer Nilkanal hin, über den ich deshalb eine Notbrücke zu bauen hatte, keine kleine Aufgabe in dieser grünen, fruchtbaren, aber völlig holzlosen Wildnis! Indessen war's ein interessanter Augenblick, als die schweren, dampfgetriebenen Räder der Maschine das gefährliche Balkengerüst berührten. Die hundert Fellachin, die zuvor mit gewohntem Geschrei das fremdländische Untier begleitet hatten, verstummten plötzlich. Jedes Krachen des Gebälks, jeder Atemzug der Maschine war hörbar. Dies sind Augenblicke im Dasein eines Ingenieurs, die dem Stürmen einer Batterie nichts nachgeben. Drei Leben hingen an ein paar Holzfasern. Ich hielt das Steuerrad in der Hand und sah, wie die Vorderräder langsam über die beiden vollständig freiliegenden Balken hinschlichen, aus denen der Hauptteil der „Brücke" bestand. Eine falsche Bewegung meines Rades hätte Menschen und Maschine in die trüben Wasser zu unsern Füßen gestürzt. Mitten über dem Kanal ließ ich halten, um – ich gestehe es – meine Nerven ein wenig zu beruhigen. Dann ging's wieder vorwärts, langsam, ruckweise, und als die Vorderräder das andere Ufer berührten, ließ plötzlich und leichtsinnig genug mein Maschinenwärter den Dampf voll in die Zylinder strömen, so daß unter laut ausbrechendem Jubelgeschrei der Araber die Maschine mit gefährlichem Schwanken und unziemlicher Eile auf festen Boden rannte. Ich sprang herunter und dankte Gott im stillen, während mich der Nasir [Gutsverwalter] von Theranis umhalste und sein „kattar cherak!" („danke") wohl zwanzigmal wiederholte. (GS5, 117)

So sieht man Eyth immer wieder mit gigantischen Gefährten durch unwegsames Gelände ziehen, im Sumpf versunkene Maschinen in Bewegung setzen, aus hunderten von Einzelteilen bestehende Lokomotiven zusammensetzen, unter Eisschichten erstarrte Getriebe in Gang halten oder überhitzte Kessel vor dem Explodieren bewahren. Bei aller Erfahrung, die er im Lauf der Jahre ansammelt, ist die jeweils sich bietende Situation doch stets neu und so noch nicht dagewesen: „Was ich in geschäftlicher Beziehung hier brauche, sind Entschlüsse, die nicht mehr als zwei Minuten kosten, und rasches Handeln. Wozu also langes Sorgen?“ (GS5, 109) Gefragt sind Kaltblütigkeit und Geistesblitze – nicht zufällig leitet sich das Wort ‚Ingenieur‘ vom lateinischen ‚ingenium‘ ab und ist auch mit ‚ingeniös‘ verwandt.

Eyths Publikationen fallen in eine Zeit, als Ingenieure noch um Anerkennung kämpfen mußten gegen die Oberhoheit der herkömmlichen Berufszweige und Wissenschaften. Gewissermaßen die Hymne dieser sogenannten „Technikerbewegung“ dichtete 1871 Heinrich Seidel, ein Dichteringenieur wie Eyth, mit seinem *Ingenieurlied*. Daraus stammt die Zeile „Dem Ingenieur ist nichts zu schwere –“, die noch Daniel Düsentrieb, der Erfinder aus Entenhausen, zu seinem Slogan machen sollte: „Dem Ingeniör ist nichts zu schwör!“ In diesem Zusammenhang sind auch Eyths Schriften zu sehen. Zum positiven Bild des Ingenieurs gehört dessen Bereitschaft, zum Besten der Menschheit jederzeit und bei jedem Wetter loszuziehen: „Dem Ingenieur blüht kein Frühling; auch kennt er keinen Winterschlaf. Sonne, Mond und Sterne dürfen ihn nicht aufhalten. Fährlichkeiten zu Wasser und zu Land sind sein tägliches Brot.“ (GS5, 18)

Nie jedoch vergißt Eyth, daß der Ingenieur auch einen Fehltritt machen, daß ihm ebensogut ein Mißgeschick unterlaufen kann. Diese Möglichkeit wird ständig mitbedacht, ja, sie gehört zur Geschichte des Fortschritts, wie er sie sieht, untrennbar hinzu. Er hätte in Kauf genommen, bei seinem Fall von der Lokomotive wirklich zu „fallen“ als ein Soldat des Fortschritts. Das blieb ihm erspart.

Der Eingeborene.

Ein großes Hindernis für den Ingenieur im Auslandseinsatz ist der Eingeborene. Der nämlich sieht in der Regel den Sinn der Schufterei nicht ein und entzieht sich dieser durch „Faulheit“. Andererseits ist der Ingenieur auf die vor Ort befindlichen Arbeitskräfte angewiesen, um seine Maschinen zu betreiben. Der Eingeborene ist also nicht nur ein Hindernis, sondern gleichzeitig eine unverzichtbare Voraussetzung für die erfolgreiche Arbeit des Ingenieurs – ein kniffliges Verhältnis gegenseitiger Abhängigkeit. Max Eyth bemerkte gleich bei seiner Ankunft in Ägypten, daß die „Fellah-Ingenieurkunde" eine „andere Wissenschaft" war „als die, die man mir am Polytechnikum zu Stuttgart beigebracht hatte". Doch dank seinem praktischen Instinkt – und dank seiner privilegierten Position – konnte er ohne weiteres einen gebrochenen Hebel durch einen von vier Fellachin bewegten Holzbalken ersetzen lassen, der hervorragend seine Dienste tat, „wenn auch begleitet von dem lauten Klagelied des Fellahquartetts, das Ermüdung und Schmerzen in den Armen besang". (GS1, 56f) Immer wieder opfern die Fellachin, also die arabisch sprechende, muslimische Landbevölkerung Ägyptens, ihre Körperkraft, ja sogar Körperteile oder ihr Leben für die englischen Maschinen. Wir hörten schon, daß gelegentlich „nicht nur eine Maschine, sondern auch ein Maschinenwärter in Stücke" gehen konnte; hier verliert ein Arbeiter einen Arm, dort zwei Zehen; in der Erzählung *Blut und Eisen* gewinnt Eyth ein Wettpflügen gegen eine konkurrierende Firma nur, weil sein eigener ägyptischer Maschinenwärter sich bis zur Ohnmacht beide Arme verbrühen läßt, um einen Dampfkessel dicht zu halten. (GS1, 116–121) Ansonsten werden die Fellachin als etwa so intelligent und arbeitswillig wie „deutsche Schuljungen" geschildert, vorausgesetzt, es befindet sich ein Stock zu ihrer Disziplinierung in der Nähe. Überhaupt erscheinen sie meist wie ein Haufen zwar fauler, aber gutmütiger und harmloser Kinder.

Dasselbe gilt für den „wollhaarigen Neger" in den amerikanischen Südstaaten. Auch der ist wenig klug, wenig fleißig, aber munter und gläubig wie ein kleines Kind und läßt sich, wenn er krumme Furchen pflügt, „mit großer Gutmütigkeit an den Ohren ziehen [...]. Ich tat dies zwar energisch, da er sonst nichts bemerkt hätte, aber doch stets mit der Miene väterlichen Wohlwollens; denn es war von der höchsten Bedeutung, meine rohen Hilfstruppen bei guter Laune zu erhalten." (GS1, 331)

Diese Haltung des weißen Kolonialherrn gegenüber dem vermeintlich unmündigen Eingeborenen, den es notfalls mit Gewalt und angeblich zu seinem eigenen Glück auf eine scheinbar höhere Stufe der Zivilisation zu heben gilt, pflegte Eyth vornehmlich in seinen Erzählungen. In seinen Briefen ließ er dagegen auch Zwischentöne hören. Er erkannte, daß die Europäer den Einheimischen mit einem Schlag Verfahren aufpfropfen wollten, deren Entwicklung bei ihnen selbst Jahrhunderte gedauert hatte, und daß dies notwendig Konflikte heraufbeschwören mußte. Er bezweifelte nicht, daß der technische Fortschritt grundsätzlich Heil und Segen bringe, doch nach nur einem halben Jahr Aufenthalt in Ägypten beurteilte er die Rahmenbedingungen dieser zweischneidigen Entwicklungshilfe schon mit großer Nüchternheit:

Das ganze Land scheint mir nicht besser dran zu sein. Zivilisation und Barbarei, fieberhafte Unternehmungen und unüberwindliche Faulheit, der alte Fanatismus, der, weil er nicht mehr morden kann, betrügt und stiehlt, und der modern-christliche Unglaube, der in größerem Stil raubt und plündert, wo etwas zu holen ist, all diese widersprechenden Elemente liegen sich brüderlich in den Haaren. (GS5, 132)

Wanderbuch eines Ingenieurs.

Wanderbuch eines Ingenieurs. In Briefen von Max Eyth. 6 Bände. Heidelberg: Winter 1871-1884. Erster Band: I. Europa. II. Afrika und Asien, 1871. Zweiter Band: III. Amerika, 1871. Dritter Band: Novellen. Nebst einem Anhang von Gedichten. [Nebentitel: Feierstunden], 1871. Vierter Band: Aus drei Welttheilen, 1876. Fünfter Band: Aus Nah und Fern, 1879. Sechster Band: Fremde und Heimath, 1884. / 2. Ausgabe: Heidelberg: Winter 1886.

Nun ist es noch einmal an der Zeit, vom Vater des reisenden Ingenieurs zu sprechen. Während dieser die Kontinente durchpflügte, machte Eduard Eyth seinen Sohn in der Heimat zum Schriftsteller. 1871 erschienen die ersten drei Bände des *Wanderbuchs eines Ingenieurs. In Briefen von Max Eyth*, anonym herausgegeben von Eduard

Titelblätter des ersten und dritten Bandes

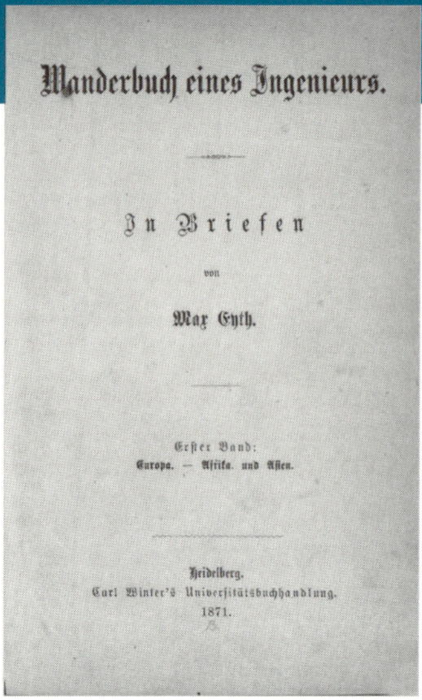

Wanderbuch eines Ingenieurs.

In Briefen

von

Max Eyth.

Erster Band:
Europa. — Afrika. und Asien.

Heidelberg.
Carl Winter's Universitätsbuchhandlung.
1871.

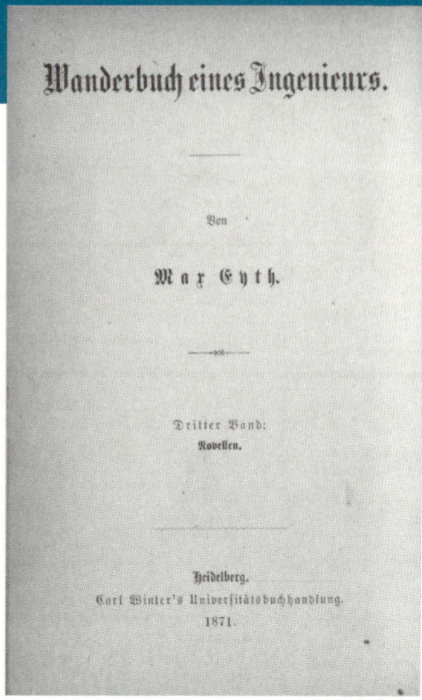

Wanderbuch eines Ingenieurs.

Von

Max Eyth.

Dritter Band:
Novellen.

Heidelberg.
Carl Winter's Universitätsbuchhandlung.
1871.

Eyth bei Carl Winter in Heidelberg. Den drei Bänden folgten bis 1884 drei weitere. Die sechs Bücher versammeln einige Hundert Briefe, die Max Eyth von 1859 bis 1882 an seine Eltern geschrieben hatte, gekürzt allenfalls um allzu persönliche Details. Dazu kommen, im dritten Band, die frühen Erzählungen *Die ersten Tanzschuhe*, *Schlehen*, *Der Invalide* und *Madonna*, einige der Scharaden, die *Lieder am Schraubstock* und weitere Gedichte aus der Jugendzeit, vom Vater im Vorwort allesamt als „ein paar Allotria“ aus den „höchst seltenen Muße- und Erholungsstunden“ abgetan, aber doch offenbar für wert erachtet, ebenfalls mitgeteilt zu werden.

Der Vater als Herausgeber des *Wanderbuchs* betonte, daß dieses „mit Einwilligung, aber ohne Mitwirkung des entfernten Verfassers“ erschienen sei. Tatsächlich gibt es bislang keine Zeugnisse, die Auskunft geben könnten, ob oder inwieweit Max Eyth an der Entstehung dieser Bücher beteiligt war. Wahrscheinlich war wirklich allein der Vater für sie verantwortlich, „der von jeher eine Freude am Büchermachen hatte“, wie der Sohn später schrieb (GS6, 425), hatte Eduard Eyth doch auch bereits die *Bilder ohne Rahmen* seiner Frau Julie herausgebracht, im gleichen Verlag übrigens wie das *Wanderbuch*.

Schon bevor dieses herauskam, waren einzelne Reise- und Technikberichte Max Eyths im *Schwäbischen Merkur* und im *Staatsanzeiger für Württemberg* gedruckt worden, vermutlich ebenfalls auf die Initiative des Vaters hin. Ja, Eduard Eyth hielt selbst Vorträge über das Leben und Treiben seines Sohnes, worüber zum Beispiel der *Blaumann*, die örtliche Zeitung von Blaubeuren, am 22. Februar 1870 berichtete: „Der Saal zum Waldhorn war gedrängt voll. ‚Bilder aus Amerika', Erlebnisse seines Sohnes, Herrn Ingenieur Max Eyth waren es, welche Herr Ephorus Eyth vorführte, so lebendig und farbenreich und mit so viel köstlichem Humor gewürzt, daß man dem anziehenden Vortrag gern folgte, sich aber schließlich gegenüber dem unerquicklichen Leben und Treiben in Amerika doppelt wohl fühlte in dem gemütlichen deutschen Heimatlande." (Zit. nach Hummel, 46) Einer von Eduard Eyths Schülern erinnerte sich sogar, daß dieser, „als ‚Exkurs zur Antigone'", im Unterricht aus den frisch aus Ägypten eingetroffenen Briefen seines Sohnes vorlas.

Max Eyths Briefe zeugen von einem durch langjährige Übung erworbenen, großen stilistischen Geschick. Sie sind so vergnüglich zu lesen, daß man sich kaum Schöneres vorstellen kann, als bei winterlicher Kälte tagelang unter undichten Heizkesseln auszuharren oder tonnenschwere Gefährte durch den glühenden Wüstensand zu befördern. Ohne allzuviele technische Details wird die praktische Tätigkeit des Ingenieurs geschildert als steter Wechsel zwischen unlösbar scheinenden Problemen und schließlich doch gefundenen Lösungen: Arbeit als Abenteuergeschichte. Nicht zufällig setzen die Briefe mit Eyths erstem Außendiensteinsatz 1859 in Unterweißach ein – hätte er sein Leben lang im Büro hinter dem Zeichentisch verbracht, wären seine Bücher vermutlich nicht entstanden.

Außerdem enthalten sie immer wieder Reiseeindrücke, die mit der eigentlichen Arbeit nichts zu tun haben: Schilderungen von seiner Erforschung der Mammuthöhle in Kentucky, der Erkundung ägyptischer Kalifengräber oder indianischer Totenhügel, Beobachtungen über die Pflanzenwelt in Trinidad, den Jahrmarkt in Nischnij-Nowgorod, San Franciscos Chinatown, peruanische Lehmarchitektur oder einen Bericht über seine Reise mit der Oroyabahn die Anden hinauf.

Später, als Eyth längst wieder nach Deutschland zurückgekehrt war, wurde er wiederholt von Bewunderern angesprochen, die sein *Wanderbuch* gelesen hatten. Einer von ihnen trat aufgrund seiner Lektüre der Deutschen Landwirtschaftsgesellschaft bei, ein anderer unterbreitete Eyth sogar ein Stellungsangebot in Afrika, das dieser jedoch dankend ausschlug. (GS6, 87, 155)

Der Bruder.

Das *Wanderbuch eines Ingenieurs* hat nicht nur einen Herausgeber, es hat auch einen Mitautor: Max Eyths um fünfzehn Jahre jüngeren Bruder Eduard Wilhelm Eyth (1851–1875). Der Vater hatte sich erlaubt, in den vierten Band des *Wanderbuchs* auch einige Briefe seines zweiten Sohnes einzuschalten, die von Bergbesteigungen im Tirol, vom Deutsch-Französischen Krieg 1870/71 und aus Kuba berichten. Die Briefe zeigen, daß „Eduard der Jüngere" ein ebensolches Erzähltalent war wie sein großer Bruder Max. Überhaupt folgte Eduard getreulich dessen Fußstapfen: wie dieser besuchte er das Stuttgarter Polytechnikum, wie dieser – und zweifellos durch dessen Vermittlung – wurde er Ingenieur der Fowler-Werke in Leeds, wo er seinem Bruder zunächst vor allem bei der Entwicklung der Seilschleppschiffahrt zur Seite stand. Dann übertrug ihm die Firma, wiederum auf Anregung von Max Eyth, die technische Verantwortung für eine neu entstehende Zuckerplantage auf Kuba. Dort ist Eduard Eyth am 6. Mai 1875, genau an Max Eyths Geburtstag, mit 24 Jahren an einem tropischen Fieber gestorben. In seinem Vorwort schrieb der Vater:

Wie reich hätte dieses junge hoffnungsvolle Leben noch werden können, das so viel Kraft und Talent in sich schloß und zugleich von so vieler Achtung, Liebe und Freundschaft umgeben war, – das Leben eines Jünglings, dem, gewiß nicht mit Unrecht, sein oberster Chef, Mr. Fowler in London, noch kürzlich das schöne Zeugnis ausstellen konnte: „he conquered, it appears to me, the hearts of all with whom he came in contact!" [„er eroberte, so scheint mir, die Herzen aller, mit denen er in

Berührung kam!"] Gott wollte es anders. Und wir beugen uns mit Thränen unter diesen heiligen Willen des Gottes, den unser geliebter Todter in gesunden und kranken Tagen mit demüthigem Sinne gesucht, und, wie wir glauben dürfen, auch gefunden hat. Unser Verlust ist groß, aber ebenso der Trost, Eines zu wissen: – Das K r e u z auf dem fernen, einsamen Grabe wird keine Lüge sein. (Wanderbuch eines Ingenieurs, Band 4, VIIf)

Die Deutsche Landwirtschaftsgesellschaft.

Die Briefe im *Wanderbuch eines Ingenieurs* enden mit Max Eyths Austritt aus der Firma Fowler. Nach 21 Jahren reichte er dort seine Kündigung ein. Im Sommer 1882 verließ er England und kehrte nach Deutschland zurück, doch nicht, um sich mit Mitte vierzig zur Ruhe zu setzen, sondern um eine neue Aufgabe in Angriff zu nehmen: Nach dem Vorbild der englischen Royal Agricultural Society wollte er auch für Deutschland eine landesweite Vereinigung der Landwirte ins Leben rufen. Strategisch geschickt, ließ er sich dafür in Bonn nieder, das neutral in der Mitte zwischen Nord- und Süddeutschland lag und außerdem in Poppelsdorf die Landwirtschaftliche Akademie beherbergte, welche ihm erste nützliche Kontakte verschaffte. Sein Ziel war eine politisch wie finanziell unabhängige Vereinigung, die das gesamte, gerade einmal zehn Jahre alte Reich umfassen sollte, um die verhältnismäßig rückständige deutsche Landwirtschaft, in der Ende des 19. Jahrhunderts rund zwanzig Millionen Menschen, also etwa ein Drittel der Bevölkerung arbeitete, an die neuesten Entwicklungen der Technik heranzuführen. Größte Skepsis schlug seinem Plan anfänglich entgegen, nicht zuletzt von Seiten der etwa 1650 bereits bestehenden lokalen Bauernverbände. Doch geschickte Lobby- und Pressearbeit und Eyths seit jeher nicht zu bremsende Arbeitswut führten schließlich zum Erfolg:

Das Ganze erinnerte mich lebhaft an die Anfänge des Dampfpflügens bei irgendeinem Pascha oder exotischen Zuckerpflanzer. Dieselbe Häufung von Hindernissen aller Art mitten im höflichsten Entgegen-

kommen, dieselben innern Zweifel an der Möglichkeit eines Erfolgs, die man lächelnd verstecken muß, dieselbe eiserne Notwendigkeit, aufs Ziel loszugehen, ohne zu beobachten, was rechts und links geschieht. Die Dampfpflügerei war für meine jetzige Aufgabe keine schlechte Lehrzeit. (GS6, 97f)

Genau seinen eigenen Vorgaben entsprechend, konnte Eyth nach einem halben Jahr 250 und nach zwei Jahren 2500 provisorische Mitglieder verzeichnen, so daß es am 11. Dezember 1885 in Berlin zur Gründungsversammlung der Deutschen Landwirtschaftsgesellschaft kam, welcher kurz zuvor sogar noch Bismarck persönlich beigetreten war. Eyth wurde ehrenamtliches geschäftsführendes Direktoriumsmitglied und zog mit der D. L. G. nach Berlin um. Seine vornehmliche Aufgabe waren fortan die jährlichen Landwirtschaftsausstellungen mit Preisverleihungen in vielerlei Sparten, wie er sie in England kennengelernt hatte. Nach Frankfurt am Main im Jahr 1887 wanderten diese Ausstellungen nach Breslau, Magdeburg, Straßburg, Bremen, Königsberg, München, Berlin, Köln und schließlich, 1896, nach Cannstatt.

Hier, in der alten Heimat, machte Eyth sich gleich unbeliebt, als er wegen zu hoher Kostenvoranschläge der örtlichen Unternehmer Baufirmen aus Köln und Konstanz beauftragte. Wie immer wurde nach dem unglaublichsten Durcheinander während der Vorbereitungen alles doch rechtzeitig zur Eröffnung am 11. Juni 1896 fertig. Für den strömenden Regen am Eröffnungstag wie auch dafür, daß Königin Charlotte von Württemberg beim Rundgang im schlammigen Gelände einen Schuh verlor, war niemand verantwortlich zu machen.

Nach der Cannstatter Ausstellung legte Eyth die Geschäftsführung der inzwischen 12 000 Mitglieder zählenden D. L. G. nieder, die ihm neben enormer Arbeit drei Orden, 1892 die Ernennung zum Geheimen Hofrat und 1896 den persönlichen Adel eingebracht hatte. Er war nun sechzig Jahre alt, und es war ihm tatsächlich gelungen, Nord- und Süddeutsche, Landjunker und Freisinnige zu einem gewichtigen Interessenverband zu vereinen. Beim Abschiedsessen

Signet der D. L. G., entworfen von Max Eyth

im Berliner Savoy-Hotel stand in einer Ecke des Saals seine im Auftrag der D. L. G. von dem Bildhauer Max Landsberg angefertigte Büste. Sie war gerade noch rechtzeitig fertig geworden.

Übrigens führte Max Eyth nicht nur die – nach englischem Vorbild handliche – Abkürzung „D. L. G." ein, er zeichnete auch das Signet der Gesellschaft, worin ein Bauer mit einem – merkwürdigerweise ganz traditionellen – Pfluggespann eine Peitsche schwingt, deren Ende sich kunstvoll zu den deutschen Buchstaben DLG verschlingt. Eyth entwarf ebenfalls das Titelblatt der *D. L. G.-Mitteilungen* und die Umrahmung der Ausstellungsdiplome, die Mitgliedskarten sowie eine Gedenkmünze. Selbst als Gelegenheitsdichter setzte er seine Talente ein: Er sprach das Festgedicht zur Gründungsfeier, faßte die *Zehn Gebote der D. L. G.* in Reime, bedichtete das zwölftausendste Mitglied, Bismarcks Tod und die Jahrhundertwende. Als die Deutsche Landwirtschaftsgesellschaft sich 1890 erfolgreich gegen die Preispolitik eines Düngerkartells zur Wehr setzte, steuerte er anonym gedruckte *Phosphorsaure Kampflieder* bei, um die deutschen Bauern zu Mut und Entschlossenheit zu ermuntern. (GS6, 306ff)

Seit ihrer Neugründung 1947 hat die DLG ihren Sitz in Frankfurt am Main. Neben der Ausrichtung von Fachausstellungen, Messen und Tagungen führt sie vor allem Qualitätstests für Nahrungs- und landwirtschaftliche Betriebsmittel durch und verleiht unter anderem die Auszeichnung „DLG-prämiert"; außerdem vermittelt sie Ferien auf dem Bauernhof.

Die Schwester.

Nach dem Abbau der Landwirtschaftsausstellung in Cannstatt wollte Max Eyth wie gewöhnlich in die Berge zur Sommerfrische reisen. Anstatt dessen wurde er nach Bad Herrenalb ans Sterbebett seiner Schwester Julie gerufen. Am 12. August 1896 ist sie dort im Alter von 57 Jahren gestorben.

Fälle wie der unsre sind ja in Kurorten nicht gerade selten; man weiß sich zu schicken. Nun aber galt es, auch mit möglichster Rücksicht für die Gäste unsre Tote zu begraben. Die Treppen des Hauses waren derart, daß eine Tragbahre nicht in unsern Stock gebracht werden konnte. So trug ich vorgestern, genau um Mitternacht, meine liebe Schwester mit Hilfe eines Mannes hinab vor das Haus, wo wir sie auf die bereitstehende Bahre betteten. Dann folgten wir ihr, mein tiefgebeugter Schwager und ich, durch das lautlose Dorf nach dem kleinen Leichenhaus neben dem Friedhof. Als wir allein zurückkehrten, schlug die Kirchturmuhr bei dem kleinen, zerfallenen Kloster ein Uhr. Eine wahre Geisterstunde, wenn ich je eine erlebt habe. (GS6, 389f)

Julie Kraut, geborene Eyth, verwitwete Conz (1839–1896), war drei Jahre jünger als Max Eyth. Sie hatte mit noch nicht zwanzig Jahren den Pfarrer Karl Wilhelm Eduard Conz geheiratet und sieben Kinder zur Welt gebracht, aus ihrer zweiten Ehe gingen fast noch einmal so viele Kinder hervor. Im Sommer 1883 stattete sie mit ihren kleinen Töchtern dem Bruder in Bonn einen Besuch ab, der dazu anmerkte: „Es ist ein Hochgenuß, diese guten, schwäbischen Äuglein sich öffnen zu sehen, denen zum erstenmal die strahlende Poesie des Rheinlandes entgegentritt: die Loreley, der Drachenfels, das heilige Köln." (GS6, 71) Nach Julies Tod besuchte Eyth des öfteren seine Nichten und Neffen in Blaubeuren, wo Schwager Kraut als Nachfolger von Eduard Eyth das Evangelische Seminar leitete; auch finanziell sollte Max Eyth sich um die Kinder seiner verstorbenen Schwester kümmern. Seine Nichte Helene Heege wiederum hat dann ihren Onkel während seiner letzten Lebensjahre in Ulm betreut.

Feierstunden.

Wanderbuch eines Ingenieurs. In Briefen von Max Eyth. Band 3: Novellen. Nebst einem Anhang von Gedichten. [Nebentitel: Feierstunden]. Heidelberg: Winter 1871. / 2. Auflage: Heidelberg: Winter 1886. / 3. Ausgabe: Wanderbuch eines Ingenieurs. Band 3: Feierstunden. Erzählungen, Dramatisches und Lyrisches. [Der Novellen 2. Auflage]. Heidelberg: Winter 1893. / 4. Ausgabe: Feierstunden. Mit einem Vorwort des Verfassers. Heidelberg: Winter 1904. / Wieder in: Gesammelte Schriften, Band 4, 1909.

In seinem Amt als Geschäftsführer der Deutschen Landwirtschaftsgesellschaft hatte Max Eyth zweifellos Aufregung genug mit Generalversammlungen und Sonderausschüssen, Kartoffelschälmaschinen und „Schweineangelegenheiten". Doch im Februar 1892 kam zusätzliche Unruhe auf, verursacht durch eine Anfrage seines Verlegers Carl Winter aus Heidelberg:

Hochgradige Nervenerregung. Seit 14 Tagen bin ich gezwungen, den 3. Band meines Wanderbuchs, die Novellen u. s. w., wegen einer neuen Auflage zu revidieren. Vor 30 Jahren haben die kleinen Dinger noch gelebt, wirklich gelebt. Nun ist's mir, wie wenn ich braune, verhutzelte Kindermumien in neue, niedlich bemalte Bastbinden einwickeln sollte. So oft ich fertig zu sein glaube, fällt wieder ein Händchen oder ein Füßchen heraus, und ich muß frisch anfangen. Und das soll wieder leben, meint der Buchhändler. Es ist gräßlich. (GS6, 417)

Wirklich beschäftigte sich Eyth während des Jahres 1892 mit der Revision seiner literarischen Jugendwerke, also der Erzählungen und Gedichte, die sein Vater 1871 im dritten Band des *Wanderbuchs eines Ingenieurs* abgedruckt hatte. 1893, also über zwanzig Jahre später, kam diese Sammlung erneut heraus, auf Wunsch des Verlegers vermehrt um das Theaterstück *Der Waldteufel* und, möglicherweise auf Wunsch von Max Eyth selbst, um einige weitere Gedichte, welchen er den Titel *Feilspäne* verlieh. Es handelt sich dabei fast durchweg um Gelegenheitsgedichte, die er für Freunde und Bekannte, aus Anlaß einer Hochzeit oder von des Kaisers Geburtstag geschrieben hatte. Auch einige seiner Scharaden nahm er wieder auf und zerbrach sich selbst den Kopf, um sie zu enträtseln, waren doch im *Wanderbuch* leichtsinnigerweise keine Lösungen angegeben worden. Das neue und zugleich alte Buch erhielt den Titel *Feierstunden*, genauso wie das Gedicht, welches den Band wie ein Motto eröffnet:

Feierstunden

Ein Pfiff! – Den Hammer weg, weg das Gefeil!
Stoßend und trabend
Hinaus zum Haus in stürmischer Eil!
– Feierabend! –
Noch hängt an den Bergen das Abendlicht:
Aus luftigen Höhen ein fröhlicher Gruß.
O du sonnige Welt, kennst du mich nicht?
Ich grüße dich wieder aus Rauch und Ruß!

Und soll ich jetzt feilen an Wort und Schrift
Schmirgelnd und schabend,
Weil alles so glatt nicht zusammentrifft?
– Feierabend! –
Nein! Treiben will ich's trotz Eisen und Erz,
Trotz Feder und Tinte die kurze Frist,
Und singen und sagen, wie mir's ums Herz
Und wie mir der Schnabel gewachsen ist! (GS4, 13)

Im Sprachgebrauch hat sich die Metapher eingebürgert, man „feile" an einem Text oder einem Gedicht, geradeso wie man in der Werkstatt an einem Gewinde oder Winkelstück feilt. Genau diese Parallele machen sich die zitierten Verse zunutze, reklamieren aber für das Gebiet der Poesie, daß sie eben dies nicht sein soll: mühsame Arbeit. Dasselbe Programm der „Feierabendpoesie" wird 1904 in einem Vorwort zur Neuauflage der *Feierstunden* erneut vorgetragen. Eyth erzählt dort von seinem Entschluß, den er angeblich als entlassener Schlosserlehrling in Heilbronn gefaßt haben will, nämlich künftig Arbeit und Dichtung, sprich: Mühe und Vergnügen, streng auseinanderzuhalten. Damit gibt er sich den Anschein des Dilettanten, dessen eigentliches Betätigungsfeld eben anderswo liegt. Ja, er entschuldigt sich geradezu für seine „übeln Gewohnheiten" des Dichtens, die immer wieder solche „Taugenichtse" von Werken hervorgebracht hätten. (GS4, 9f) Aber kann wohl ein Autor von seinem Verleger wirklich gegen seinen Willen „gezwungen" werden, alte Sachen noch einmal herauszubringen ...?

Ulm.

Der Heilige Berg Athos beherbergt seit dem 10. Jahrhundert eine Republik orthodoxer Mönche, die sich in Weltabgeschiedenheit dem Gebet, den Wissenschaften und Künsten widmen. Dort seinen Lebensabend zu verbringen, war Max Eyths Traum. Doch zog er nach der Niederlegung seiner Ämter bei der D. L. G. nicht nach Griechenland, sondern nach Ulm auf den Michelsberg 173 (heute Mozartstraße 24), den er ersatzweise „meinen Athos" nannte. Als er Anfang Oktober 1896 dort einzog, begrüßte das *Ulmer Tagblatt* den neuen prominenten Mitbürger mit einem Huldigungsartikel. Der Grund für die Übersiedlung war seine alte Mutter, die seit dem Tod ihres Mannes allein in Neu-Ulm lebte (Friedrichstraße 19, heute Hermann-Köhl-Straße 19), auf der anderen Seite der Donau im Bayerischen gelegen, während Ulm selbst seit 1810 zu Württemberg gehörte:

Wie Sie wissen, schlafe ich in Bayern und wohne in Württemberg. Das System ist neu, bewährt sich aber ganz vortrefflich. Jeder Mensch sollte in einem Königreich schlafen und träumen, in einem anderen wachen und arbeiten, solang er noch leidlich zu Fuß ist. Jeden Morgen, vor Sonnenaufgang, wandere ich nach meinem Athos, jeden Abend steige ich wieder zu den Menschen herab, die ich infolge der Entfernung wieder aufs neue zu lieben gelernt habe, was ungefähr neun Stunden anhält. (GS6, 440f)

Türschild der Ulmer Wohnung

Der Wechsel aus dem Getöse der Weltstadt Berlin in den stillen schwäbischen Winkel sei ihm nicht schwergefallen, schrieb Eyth einem Berliner Freund – da er in einem Waldkloster aufgewachsen sei, habe er Großstädte ohnehin nie gemocht. Und in seinem Tagebuch bekräftigte er sich selbst gegenüber den Vorsatz, bei seiner Mutter zu bleiben, solange sie lebe:

Jeder größere näher liegende Plan scheitert an der Notwendigkeit in Ulm zu bleiben; ich hoffe, es wird mir klar werden, daß dies meine erste Pflicht ist und bleibt, wenn sich Geist und Fleisch dagegen regen. – Andere sind an ihre Frau, an ihre Familie gebunden. – Ich kann, wie gewöhnlich, recht zufrieden sein. (BSchr, 42)

So begleitete er aus der Nähe die letzten Jahre seiner Mutter, die immer wieder kränkelte und zunehmend geistig verwirrt war. Jeden Abend las er ihr und der Haushälterin Emma Heintzeler eine Stunde lang vor, und wenn Julie Eyth auch die Zusammenhänge irgendwann nicht mehr erfassen konnte, schien ihr „das gewohnte Gemurmel des Vorlesens doch gut zu tun“. (GS6, 495)

Tagsüber ging Eyth regelmäßig spazieren und nahm hin und wieder ein frisches Bad in der Donau. In seiner eigenen Wohnung spielte er Klavier, ordnete und kolorierte seine aus aller Welt mitgebrachten Skizzen und – arbeitete am Schreibtisch, an Fachvorträgen, zu denen er immer wieder eingeladen wurde, ebenso wie an seinem nun Band um Band erscheinenden Alterswerk. Er besuchte „als alter, wenn auch etwas entarteter Sprößling aus theologischem Stamm“ einmal wöchentlich den Ulmer Pfarrkranz, ging in Konzerte und ins Theater, in die Museumsgesellschaft, den Altertums- und den Colonialverein und jeden Sonntag zum Gottesdienst ins Münster, obwohl er wegen zunehmender Schwerhörigkeit die Predigt von Jahr zu Jahr schlechter verstand. Als ehemaliger Ingenieur wurde er beratend für den technischen Heizplan des vor wenigen Jahren erst fertiggestellten

Max Eyth: „Ulm. Messe auf dem Münsterplatz" (1904)

Ulmer Münsters hinzugezogen, auch setzte er sich als Vorstandsmitglied der Ulmer/Neu-Ulmer Sektion des Bayerischen Kanalvereins für die erneute Schiffbarmachung der Donau ein. Einladungen der national-liberalen Partei, ein Stuttgarter Reichstagsmandat (1898) oder eine Landtagskandidatur (1900) zu übernehmen, lehnte er geschmeichelt, aber entschieden ab. Um „Luft zu schöpfen, wie ich es meiner Mutter gegenüber nenne", unternahm er gelegentlich kleine Reisen nach Stuttgart oder München und fuhr weiterhin regelmäßig zu den Sitzungen der Deutschen Landwirtschaftsgesellschaft nach Berlin. Sommerurlaube verbrachte er mit „den Frauen" beim Wandern in den Alpen, größere Reisen führten ihn 1900 noch einmal nach England und zur Pariser Weltausstellung sowie im Frühjahr 1905 für fünf Wochen nach Rom.

Am 12. April 1904 starb seine Mutter im Alter von 88 Jahren und wurde auf dem Neu-Ulmer Friedhof in der Nähe ihres Mannes begraben, der schon zwanzig Jahre dort ruhte. (Beide Gräber bestehen nicht mehr.) Nun hätte Max Eyth wieder aufbrechen und sein Wanderleben fortsetzen können, doch entschied er sich zu bleiben; zum Dank beschloß die Stadt, eine – bis heute existierende – Straße nach ihm zu benennen. Er blieb auf dem Michelsberg und mietete nun anstelle seiner ehemaligen Drei-Zimmer-Wohnung eine Villa mit Garten (Michelsberg 227, heute Lichtensteinstraße 16).

Große Ehrungen wurden ihm noch zuteil: 1905 die Verleihung der Grashof-Gedenkmünze, der höchsten Auszeichnung des Vereins deutscher Ingenieure, und im selben Jahr die Ehrendoktorwürde der

Stuttgarter Technischen Hochschule, der Nachfolgeinstitution des einstigen Polytechnikums. Es war das erste Mal überhaupt, daß die Hochschule einem Ingenieur den Titel eines Doktors „honoris causa" verlieh. Doch nicht nur der Techniker, auch der Autor Eyth wurde geehrt und im März 1906 zum Ersten Ehrenmitglied des Württembergischen Journalisten- und Schriftstellervereins ernannt. Zu seinem siebzigsten Geburtstag am Sonntag, dem 6. Mai 1906, trugen die Post und das Telegraphenamt 230 Briefe und 95 Telegramme zum Michelsberg hinauf.

Das Klavier.

Während der zehn in Ulm verbrachten Jahre konnte Eyth seinen künstlerischen Neigungen und Talenten mit mehr Ruhe nachgehen als zuvor während seiner Zeit als Reise-Ingenieur oder D. L. G.-Geschäftsführer. Das Musizieren, das Malen und vor allem das Schreiben waren nun fester Bestandteil seines Tagesablaufs, nachdem der Dienst an den Musen zuvor nur auf abend- oder sonntägliche „Feierstunden" beschränkt gewesen war.

Ich genieße seit zehn Jahren wieder einmal einen Frühling, ohne vor Sorgen halb blind zu sein, spiele in freien halben Stunden mehr Klavier und mache bemerkenswerte Fortschritte, die auf meinem Athos zum Glück nur die Spatzen zu würdigen brauchen, zeichne und male an meinen tausend Reiseskizzen herum, die mir dagegen die alten Zeiten ohne ihre Mühen und kleinen Unbehaglichkeiten vormalen. (GS6, 446)

Nachdem er schon als Kind Klavierunterricht erhalten hatte, spielte Eyth, wann immer sich die Gelegenheit dazu bot. Sobald er länger an einem Ort wohnte, mietete er ein Klavier, zum Beispiel gleich nach seiner Anstellung durch Fowler 1861 in Leeds: „Harte Zeiten kann ich nicht aushalten ohne Musik." (GS5, 63) In Ägypten ließ er nach dem Bezug des eigenen Hauses in Schubra ein Klavier aus Alexandrien kommen. Auf einer Dienstreise in den Vereinigten Staaten wurde ihm 1867 in Honesdale, Pennsylvania, sogar die freigewordene Stelle des örtlichen Organisten angeboten, nachdem er abends im

Max Eyth: „Erste Klavierstunde“ (1860)

Gasthof ein wenig Klavier gespielt hatte. Er musizierte allein oder vierhändig in Bonn wie in Berlin, und das erste, was noch vor den Möbeln in seine Ulmer Junggesellenwohnung kam, war der Bechstein-Flügel, den die D. L. G. ihm 1895 zu ihrem zehnjährigen Bestehen geschenkt hatte. Es muß ein schönes Instrument gewesen sein, wie Besucher berichteten, geschmückt mit Nachbildungen Eythscher Aquarelle von all seinen Lebensstationen. So vereinte der Flügel in sich die vom Neben- zum Hauptgeschäft avancierten künstlerischen Beschäftigungen des gewesenen Ingenieurs und Verbandsmanagers.

Das Zeichnen.

Man darf annehmen, daß Eyth als Pianist auf hohem Niveau dilettierte; hören können wir ihn nicht mehr. Daß er als Zeichner beachtliches Können besaß, belegen die über eintausend Skizzen und Aquarelle, die er hinterlassen hat. Sie haben ihm sogar einen Eintrag im „Thieme-Becker“ eingebracht, *dem* biographischen Lexikon der bildenden Künstler. Heute befinden sich seine Zeichnungen zum größten Teil im Ulmer Museum, das Städtische Museum in Kirchheim besitzt drei Skizzenbücher aus den späten Jahren.

In ähnlicher Weise wie die Briefe nach Hause seinen Lebensweg begleiteten, taten dies auch seine Zeichnungen. Mit Bleistift oder Tusche hielt er die Orte seines Lebens fest, angefangen von der

schwäbischen Heimat über seine Reisen durch vier Kontinente bis zu den Gebirgsansichten seiner Wanderurlaube. Das Zeichnen, namentlich auf Reisen, war – wie das Klavierspielen auch – ein Bestandteil der bürgerlichen Erziehung, die Eyth genossen hatte. Seine wirklichkeitsgetreuen, detailgenauen Bilder besitzen zudem kulturhistorischen Wert, hat er doch – etwa mit seinen Ansichten aus Rußland, Peru oder inzwischen auch New Orleans – historische Landschaften und Gebäude überliefert, die es so nicht mehr gibt.
Landschaften und Gebäude stellen in der Tat seine vorherrschenden Motive dar. Gebirge, Pflanzen, Flüsse und Küstenstriche, Häuser, Kirchen, Pyramiden, Schiffe und Brücken: die Natur und die Bauwerke des Menschen waren die Gegenstände, die ihn vornehmlich interessierten. Menschen erscheinen allenfalls als anekdotische Randfiguren im Vorder- oder Hintergrund, unter den Bildern befindet sich kein einziges Portrait – und auch kein Selbstportrait. Eyths eigentliche Berufstätigkeit spielt ebenfalls kaum eine Rolle. Fabriken,

Seilschiffe oder Dampfpflüge sieht man auf seinen Blättern ausgesprochen selten. Das ist Teil des Programms: die Zeichnungen als Gegengewicht zur Arbeit, als Kontrapunkt zur praktischen Tätigkeit.

Sie zeigen an dieser Stelle jedenfalls, daß ein Ingenieur auch Augen für anderes haben kann und darf als für Gußstücke und Kohlenhaufen. Für mich war dies eine Lebensbedingung. Sie haben mir manche Stunde des Wartens und Ausharrens, die der Beruf mit sich bringt, erträglicher gemacht. (Im Strom unserer Zeit, Band 1, VIII)

Als Eyth 1896 nach Ulm zog, begann er gleich damit, seine vielen Zeichnungen zu sortieren, sie in die richtige chronologische Reihenfolge zu bringen, zu numerieren und jeweils den Ort ihrer Entstehung zu vermerken. Außerdem machte er sich daran, ausgewählte Blätter nachträglich zu lavieren oder zu aquarellieren. Die Zeichnungen begannen, in Ulm zu kursieren. Besucher, gerade junge Besucher wie die Kinder seiner verstorbenen Schwester, Großnichten oder andere, durften in der Bildersammlung blättern, dazu erzählte Eyth dann abenteuerliche Geschichten von seinen Reisen: so rekapitulierte er anhand der Zeichnungen sein Leben.

Später tat er einen weiteren Schritt, verließ den privaten Rahmen und trat als Illustrator an die Öffentlichkeit, als Illustrator seiner eigenen Bücher nämlich. Alle literarischen Werke, die während seines letzten Ulmer Lebensjahrzehnts entstanden oder neu aufgelegt wurden, sind mit Zeichnungen nach Eyths Entwürfen ausgestattet. Für *Hinter Pflug und Schraubstock* (1899), *Der Kampf um die Cheopspyramide* (1902), die Neuauflage der *Feierstunden* (1904) und *Im Strom unserer Zeit* (1904/05) schuf er die Einbandillustrationen, zu den beiden Bänden von *Der Schneider von Ulm* (1906) entwarf er jeweils eine Zeichnung als Frontispiz. Für *Im Strom unserer Zeit* gestaltete er nicht nur die Einbandmotive, sondern gab auf Vorschlag des Verlegers den drei Bänden außerdem fast hundert eigene Bilder bei, die in Schwarzweiß, zum kleineren Teil auch in Farbe gedruckt wurden. „Ein Leben in Skizzen" hat er dieses Unternehmen selbst genannt.

Hinter Pflug und Schraubstock.

Vorabdrucke: Des Paschas Billardbein. Erinnerung aus dem Leben eines Ingenieurs. In: Die Gartenlaube 1898, Nr. 29: S. 492–494, Nr. 30: S. 508–511 [mit 4 Zeichnungen von Max Eyth]. / Blut und Eisen. Aus den Erinnerungen eines Ingenieurs. In: Über Land und Meer 1898, 80. Band, 40. Jahrgang, Nr. 33–36, S. 530f, 544, 546f, 550f, 559f, 562f, 566f, 576, 578f.
Hinter Pflug und Schraubstock. Skizzen aus dem Tagebuch eines Ingenieurs. 2 Bände. Stuttgart: Deutsche Verlags-Anstalt 1899. / 4. Auflage: Hinter Pflug und Schraubstock. Skizzen aus dem Taschenbuch eines Ingenieurs. 2 Bände. Stuttgart: Deutsche Verlags-Anstalt 1902. / 7. Auflage: Dasselbe. Volksausgabe in 1 Band. Stuttgart: Deutsche Verlags-Anstalt 1905. / 17. Auflage: Hinter Pflug und Schraubstock. Skizzen aus dem Tagebuch eines Ingenieurs. Volksausgabe in 1 Band. Stuttgart: Deutsche Verlags-Anstalt 1906. / Wieder in: Gesammelte Schriften, Band 1, 1909.

Hinter Pflug und Schraubstock ist Max Eyths bekanntestes und erfolgreichstes Buch, das 1940 im 298. Tausend, 1987 im 421. Tausend nachgedruckt wurde, mit Auszügen in viele Lesebücher eingegangen ist und auch durch Separatdrucke einzelner Erzählungen weit verbreitet war.

Man weiß es nicht, doch wäre immerhin denkbar, daß Eyth schon im Oktober 1896, als er von Berlin zur Mutter nach Ulm zog, den Vorsatz hatte, die Schriftstellerei zu seiner neuen, dritten Lebensaufgabe zu machen. Er hatte es ja bereits als junger Mann verschiedentlich erwogen; vielleicht sah er nun endlich die Möglichkeit gegeben, diesen Schritt zu tun. Sicher wußte er noch nicht gleich im einzelnen, was und worüber er schreiben würde, aber es war bald klar, daß ihn das Klavierüben und Kolorieren seiner Skizzen allein nicht ausfüllen würde.

Ende November erbat der Stuttgarter Verein für Handelsgeographie von ihm einen Vortrag über Ismael Pascha, den bis 1879 regierenden ägyptischen Vizekönig. (Er war es, der Eyths eigenem damaligen Arbeitgeber Halim Pascha zu guter Letzt die Güter konfisziert

hatte.) Der Vortrag beschäftigte ihn mehrere Wochen lang und wurde am 26. Februar 1897 in Stuttgart gehalten. Doch da war schon ein anderer, größerer Plan geboren. Am 2. Februar 1897 schrieb Eyth in sein Tagebuch:

Mache im Lauf des Tags meinen ersten Entwurf für eine Reihe von Skizzen, die später ein Buch geben könnten: Erinnerungen aus einem technischen Leben – oder viel mehr ein besserer Titel. Es könnten 24 oder 36 werden: 24 aus der Technik, 12 aus der Landwirtschaft. (TB)

Im März hatte das Vorhaben sich bereits konkretisiert:

Seit ein paar Wochen habe ich etwas angefangen, das einmal – in zwei Jahren vielleicht – ein Buch werden könnte. Haben Sie seinerzeit meinen Berliner Vortrag: ‚Landwirtschaftlich-technische Abenteuer in drei Weltteilen' zufällig einmal angesehen? Ähnlich wie die zwei Abenteuer dort, habe ich im Sinn, fünfundzwanzig bis dreißig Skizzen zu schreiben, die, jede in sich abgeschlossen, einen Augenblick meines Wanderlebens schildern soll und alle zusammen etwa unter dem Titel ‚Bilder am Wege' oder ähnlich die Stelle von Memoiren vertreten könnten, die ich nie zu schreiben gedenke. (GS6, 447)

„Bilder am Wege“ war der Titel, unter dem das Projekt von nun an firmierte: eine späte Reminiszenz an die Bücher der Eltern, die über vierzig Jahre zuvor als *Bilder ohne Rahmen*, so die Aphorismen der Mutter, beziehungsweise *Bilder in Rahmen*, so die Gedichte des Vaters, erschienen waren.

Genau 32 Überschriften verzeichnet ein aufschlußreicher Plan vom Januar 1897. Eyth listete darin auf vier Seiten all die Geschichten auf, die er zu schreiben beabsichtigte; rechts daneben hat er diejenigen mit einem „+“ markiert, die wirklich entstanden sind. Von März 1897 bis April 1898 verfaßte er so sieben Erzählungen von zwanzig bis hundertfünfzig Seiten Länge. Anschließend überarbeitete er die Texte und schrieb noch mehrere Gedichte. Im August unterzeichnete er den Vertrag mit der Deutschen Verlags-Anstalt: „Es ist nicht, was ich an Honorar zu erreichen hoffte, aber besser als früher“, und änderte, vermutlich auf Anraten des Verlags, den Titel von „Bilder am Wege“ zu *Hinter Pflug und Schraubstock*. (BSchr, 96) Anfang Dezember 1898 wurde das Buch ausgeliefert, wegen des Umfangs in zwei Bänden.

Und was hielt der Leser nun in Händen? Auf ein Widmungsgedicht an die Mutter folgen, in stetem Wechsel, neun Gedichte und sieben Erzählungen. Die Gedichte heißen *Die Schmiede*, *In der Gießerei*, *Der Monteur* oder *Am Schraubstock* und können als die späte Einlösung des vor vierzig Jahren gefaßten Vorsatzes angesehen werden, „dem Fabrik- und Maschinenwesen eine poetische Stellung zu erkämpfen“. Die eröffnenden, gereimten *Wanderlebensregeln* und der abschließende *Winterabend* verknüpfen außerdem den Fortschrittskampf der Menschheit mit der Lebensgeschichte des Autors, der Teil hatte an diesem Kampf und jetzt von ruhiger Warte aus darauf zurückblicken kann.

[...] Froh zog ich als Wanderbursch einst hinaus;
Wie lachte die sonnige Erde!
Nun sitz‘ ich wieder im alten Haus,
Am still verglimmenden Herde. [...] (GS1, 558)

Erste Seite des „Plans vom Januar 1897“ aus Eyths Arbeitspapieren

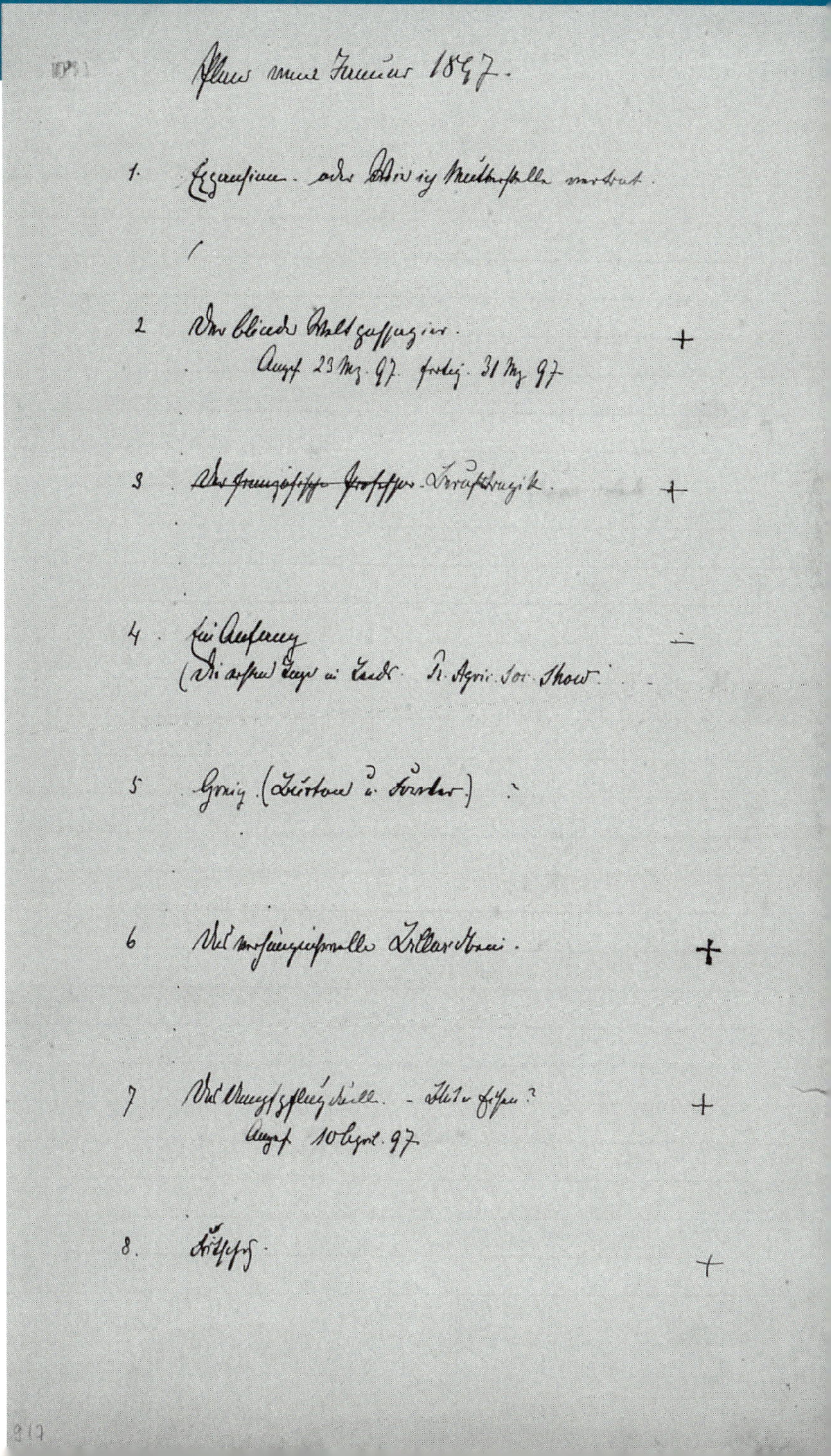

Aber nicht die Gedichte, sondern die Erzählungen sind das Fesselnde an diesem Buch. Hier ist Max Eyth die Mischung aus Technik- und Abenteuergeschichte, aus Lebenserinnerung und Reisebericht gelungen, die als seine eigentliche literarische Leistung gelten darf und weiteren „Dichter-Ingenieuren“ wie Hans Dominik, Ludwig Brinkmann, Hans Richter, Siegfried Herzog oder Theodor Heinrich Mayer die Bahn bereitete.

Die einzelnen „Skizzen aus dem Tage-“ bzw. „Taschenbuch eines Ingenieurs“, wie der wechselnde Untertitel des Buches lautet, folgen der Chronologie von Eyths Leben. *Der blinde Passagier* berichtet von seinem Aufbruch nach England, *Das verhängnisvolle Billardbein* von seiner Anstellung als Chefingenieur bei Halim Pascha, *Blut und Eisen* von einem ägyptischen Wettpflügen mit einer konkurrierenden Firma, auf das sogar eine Duellforderung folgte, *Der Tartarenrebell hinter dem Dampfpflug* von politischen Verwicklungen, in die Eyth während des russisch-türkischen Krieges geriet.

Geld und Erfahrung spielt in den amerikanischen Südstaaten, schildert die gesellschaftliche Lage nach dem gerade erst beendeten Bürgerkrieg, beschreibt Zollprobleme, die Macht der Medien und ein zu Werbezwecken veranstaltetes Schaupflügen, von dem auch schon Eyths Briefe im *Wanderbuch eines Ingenieurs* berichtet hatten. Anders als dort kulminiert die Erzählung jetzt aber in einem regelrechten Wettrennen zweier Dampflokomotiven. Natürlich sind diese als identisch gebaute Maschinen genau gleich leistungsstark. Um aber die nötige Wettkampfstimmung aufkommen zu lassen, werden sie in den englischen beziehungsweise nordamerikanischen Nationalfarben geschmückt und von entsprechend kostümierten „Jockeys“ gefahren. Aus Spiel wird Ernst, das Publikum, das tagelang vorher schon Wetten auf den Sieger abschloß, tobt auf brechend vollen Tribünen am Feldrand, die „Jockeys“ selbst verlieren ihren Gleichmut:

Tatsache war: die Maschinen liefen nicht mehr hintereinander her, wie es der Würde eines braven Dampfpflugs entspricht; sie stießen zornige Rauchwolken aus, sie rannten, sie suchten sich zu überholen. Beide

Maschinenführer hatten die eine Hand auf den Sicherheitsventilhebeln – ein böses Zeichen –, die erregbaren Heizer drohten sich mit den Kohlenschaufeln und stimmten jauchzend in das Geschrei der Menge ein. (GS1, 363)

Über dieses Wettrennen der beiden „Dampfelefanten“ hatten Eyths briefliche Berichte aus Amerika keine Silbe verloren. Man darf wohl davon ausgehen, daß es eine freie Erfindung des Autors ist, paßgenau eingefügt in die restliche Handlung, im übrigen aber ein grandioses Tableau voller Humor und Spannung, das zudem den Grundtenor von Eyths Amerikaerfahrung, die Äußerlichkeit der dortigen Bewohner, in ein treffendes Bild faßt.

Am interessantesten sind diejenigen beiden Geschichten des Bandes, die mit der Dampfpflügerei gar nichts zu tun haben. Beide hat Eyth selbst als seine besten Stücke angesehen. *Dunkle Blätter*, in Ägypten angesiedelt, bedient sich einer Rahmenhandlung wie die *Märchen aus tausendundeiner Nacht* und erzählt an nächtlichen Lagerfeuern in der Wüste belauschte orientalische Geschichten. Bemerkenswerterweise läßt Eyth am Ende nicht die abendländische Rationalität, sondern den ägyptischen Volksglauben die Oberhand gewinnen: Die Geisteraustreibung durch einen Beduinen fordert das Todesopfer eines Pumpenmechanikers. Sicher ist der Zusammenhang zwar nicht, doch widerlegen läßt er sich ebensowenig:

Wir schwiegen alle. Das heiße, grelle Sonnenlicht des herannahenden Mittags leuchtete ringsumher, von einem Ende des Himmels zum andern. Die ganze Welt lag vor uns schattenlos, in glühender Tageshelle. Und doch zog etwas wie eine unheimliche, düstere Wolke über uns weg, deren fröstelnden Schatten wir fühlten, ich so gut wie der zitternde Nasir, Halim so deutlich als seine abergläubischen Mamelucken. (GS1, 260)

Rein gar nichts mit Eyths eigenem Leben hat die abschließende, längste Erzählung *Berufstragik* zu tun. Sie ist die wohl bekannteste Geschichte des Bandes und wurde später auch separat unter dem Titel *Die Brücke über die Ennobucht* als Reclam-Bändchen verkauft. Max Eyth erzählt hier vom Einsturz der Eisenbahnbrücke über den

schottischen Firth of Tay bei Dundee, der in der Nacht vom 28. auf den 29. Dezember 1879 neunzig Menschen das Leben kostete. Theodor Fontane hat in seiner Ballade *Die Brück' am Tay* mit dem Refrain „Tand, Tand/Ist das Gebilde von Menschenhand!" von 1880 dasselbe Unglück zum Gegenstand gemacht.

Anders als Fontane, der von unmittelbaren Zeitungsmeldungen ausging, behandelte Eyth den Vorfall erst zwei Jahrzehnte nach dem Geschehen. Um sowohl die Baugeschichte als auch den Einsturz der Brücke zu rekonstruieren, studierte und exzerpierte er mehrere Jahrgänge der englischen Fachzeitschrift *The Engineer*, den Bericht der britischen Untersuchungskommission und andere Quellen. Er verschaffte sich also sämtliche Informationen aus zweiter Hand. Dennoch schildert er den Bau der Brücke in ebenso spannender wie anschaulicher Weise. Wer zum Beispiel wissen möchte, wie man im 19. Jahrhundert unterhalb des Wasserspiegels gemauerte Brückenpfeiler in einen Meeresarm hineinbaute, kann es hier erfahren. Der Clou von Eyths Novelle aber liegt woanders: Obwohl er persönlich keinerlei Bezug zur Tay-Brücke hatte und das Unglück nicht einmal in seinem Tagebuch erwähnte, tut er so, als sei er dabeigewesen. Er erzählt die Geschichte aus der Ich-Perspektive und ändert die Namen von Orten und Personen; so wird aus dem Firth of Tay die „Ennobucht" und aus dem damals verantwortlichen englischen Chefingenieur Thomas Bouch ein deutscher Jugendfreund des Erzählers namens Harold Stoß. Das erzählende Ich schmuggelt sich gewissermaßen in die Geschehnisse mit hinein, zitiert aus – fiktiven – Briefen „seines Freundes", des Ingenieurs, und ist sogar in der Unglücksnacht persönlich an Ort und Stelle. Keine zwei Stunden nach dem Einsturz begibt sich der Erzähler gemeinsam mit dem Brückenwärter hinaus auf die Ennobrücke und kämpft sich bei wildem Sturm in pechschwarzer Nacht am Geländer entlang, Schritt für Schritt aufs Wasser hinaus:

Zum erstenmal, seit wir auf dem Wege waren, zerriß das Gewölke unter der dünnen Mondsichel und ließ einen grellgrünlichen Fleck des Himmels erscheinen. Man sah mit einemmal ziemlich weit nach allen

Seiten. Es war, als stünde man in der Mitte einer Zauberkugel, tief unter uns in einem dämmerigen Kreis die schaumbedeckte See, um uns bestimmt und klar die Schienen, die Schwellen, das Geländer, vor uns, plötzlich scharf abgeschnitten, das Ende der Brücke, das ins leere Nichts hinausragte.

Ich ging noch zwanzig Schritte vorwärts, fast ohne zu denken, einem qualvollen Drange folgend, der mich weitertrieb. Dann klammerte ich mich wieder mit beiden Händen ans Geländer und sah in das dunstige Blau hinaus, wo noch vor zwei Stunden die riesigen, tunnelartigen Gitterbalken begonnen hatten. Sie waren verschwunden, spurlos weggeblasen. (GS1, 543)

Soweit die Erzählung. Tatsächlich war Eyth in der Nacht vom 28. auf den 29. Dezember 1879 daheim in Leeds gewesen. Und er änderte noch ein weiteres gewichtiges Detail: In Wirklichkeit starb der federführende Ingenieur Thomas Bouch etwa ein Dreivierteljahr nach dem Unglück „in Folge der ungewöhnlichen Geistesaufregung" (Segeberg, 134) – in der Novelle stürzt der Erbauer der Brücke mit dem Unglückszug selbst in den Tod.

„*Berufstragik*" hat Eyth seine Novelle genannt. Welche Deutung gibt er damit dem Einsturz der Tay-Brücke, einer der ersten großen technischen Katastrophen des Industriezeitalters? Es ist zunächst bemerkenswert, daß er dieses Unglück, und nicht etwa eine weitere erfolggekrönte Dampfpflug-Unternehmung aus seinem Leben, ans Ende des Buches stellt. Der Glaube an die grenzenlosen Möglichkeiten der Technik erhält hierdurch einen kräftigen Stoß. Andererseits macht Eyth, nicht zuletzt durch den Titel der Erzählung, seine Hauptfigur zu einem tragischen Helden, der überhaupt nur scheitern kann, ganz gleich, welchen Weg er wählt. Daß die Baugeschichte der Tay-Brücke in Wirklichkeit eine üble Verkettung von Schlamperei und Fahrlässigkeit zugunsten ökonomischer Interessen war – die nach dem Einsturz eingesetzte Untersuchungskommission brachte dies schnell zutage –, stellt Eyth in den Hintergrund. Bei ihm bricht die Brücke nicht zusammen, weil sie schlecht gebaut war, sondern weil jedes kühne technische Unternehmen die Möglichkeit seines Scheiterns in sich trägt. Mit anderen Worten: der durch das eigene Werk verunglückte Bauingenieur ist als Opfer des Fortschritts zu verbuchen. Symbolhaft endet die Geschichte mit einem abermaligen Aufbruch des Erzählers. Er steht am Bug des Ozeandampfers „Pará", befindet sich auf dem Weg zu einem neuen Auftrag in Peru und blickt nach vorn: „Das Zurückblicken ist nicht meine Sache." (GS1, 557)

Blickt man noch einmal auf die Entstehungsgeschichte des gesamten Bandes *Hinter Pflug und Schraubstock* zurück, fällt vor allem auf, daß Eyths ursprüngliches Vorhaben, Erinnerungen aufzuschreiben, sich zunehmend zur freien dichterischen Erfindung entwickelte. Ausgehend von durchaus authentischen Situationen erwuchsen ihm gleichsam unter der Hand Geschichten, die mit seinem wahren Leben nicht mehr viel zu tun haben. (In Wirklichkeit zum Beispiel trat er die Fahrt nach Peru schon zwei Jahre früher, nämlich im Sommer 1877, an.) Man könnte auch sagen: Der Dichter hat über den Autobiographen die Oberhand gewonnen.

Wie gut aber sein Trick funktionierte, dennoch alles als selbst erlebt auszugeben, beweisen die damaligen Rezensionen. Eyth sei „fast unmittelbar" an der „entsetzlichen Katastrophe" beteiligt gewesen, „welcher sein Freund in England zum Opfer" fiel, schrieb etwa die *Kölnische Zeitung*. (Zit. nach Segeberg, 140) Und selbst Eyths engste Bekannte bemerkten nicht, daß ihr Freund hier keine Erinnerungen mehr aufgeschrieben, sondern Literatur gemacht hat:

Meine landwirtschaftlichen Freunde Poggendorff, Krauß etc. nehmen alles wörtlich, was in dem Buch steht und gratulieren und condolieren mir zu Dingen, die ich nie erlebt habe. – Es gebe dies ein hübsches Novellchen im dritten oder vierten Band, wenn derselbe je geschrieben würde. (BSchr, 107f)

Der Kampf um die Cheopspyramide.

Der Kampf um die Cheopspyramide. Eine Geschichte und Geschichten aus dem Leben eines Ingenieurs. 2 Bände. Heidelberg: Winter 1902. / 2. Auflage: Heidelberg: Winter 1906. / Wieder in: Gesammelte Schriften, Band 3, 1909.

Wie der Band *Hinter Pflug und Schraubstock* entwickelte sich auch Eyths erster Roman noch aus dem ursprünglichen Plan seiner „Bilder am Wege”. Unter den über dreißig technisch-biographischen „Skizzen”, die er anfänglich hatte schreiben wollen, befand sich eine mit dem Titel „Der Pyramidenschwärmer“. Vom Frühjahr 1899 an beschäftigte Eyth sich mit der Konzeption und mit Vorstudien zu seinem neuen Buch, das schließlich ein ausgewachsener Roman von über achthundert Seiten werden sollte. Während der Arbeit war er oft genug mutlos und niedergeschlagen. Was er schrieb, erschien ihm zu oberflächlich, zu ironisch, zu detailverliebt, zu langweilig und vor allem – zu lang. Da waren die ersten positiven Besprechungen nach Erscheinen des Buches Ende 1902 Balsam auf seine Seele, und befriedigt durfte er bei seinem nächsten Berlinaufenthalt sogar feststellen: „Ich scheine als Cheopspyramidenmann berühmt zu werden.“ (BSchr, 242) Denn während der Arbeit hatte „Der Pyramidenschwärmer“ seinen neuen und endgültigen Titel erhalten: *Der Kampf um die Cheopspyramide.*

Diesen Kampf führen im Roman zwei englische Brüder namens Thinker, woraus schon ersichtlich ist, daß es sich bei ihrem Kampf nicht um eine militärische, sondern eine geistige Auseinandersetzung handelt. Der eine, Joe, sieht in der Cheopspyramide ein Stein gewordenes Gleichnis der kosmischen Ordnung, das er zu enträtseln

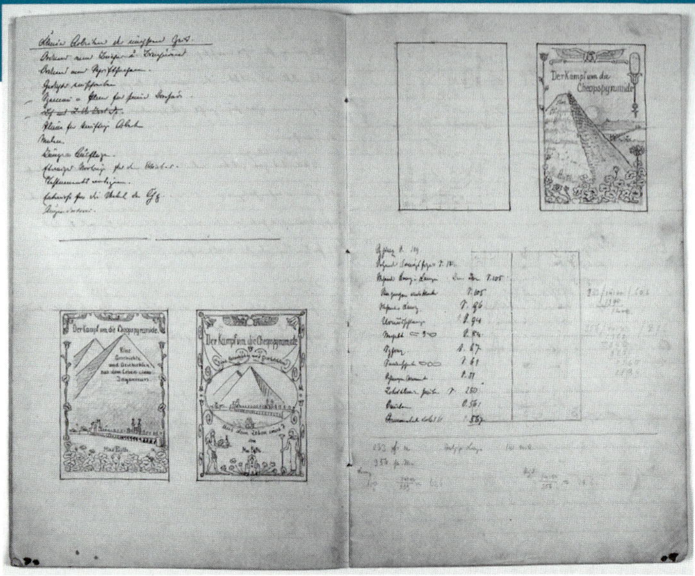

und zu bewahren sucht, dem anderen, Ben, ist die Pyramide ein willkommener Steinbruch für den von ihm geplanten Bau eines gigantischen Staudamms quer durch das Nildelta. Beide Brüder sind Repräsentanten von Ideen, die während Eyths ägyptischer Jahre im Schwange waren: Joes Theorien fußen auf Ausführungen der Hobby-Ägyptologen John Taylor und Piazzi Smyth (letzteren kannte Eyth persönlich), denen zufolge die Cheopspyramide keine Grabstätte, sondern die Verkörperung mathematisch-naturwissenschaftlicher Gesetzmäßigkeiten sei; so ergebe etwa das Verhältnis der doppelten Höhe zum Umfang der Pyramide die Zahl π, die Höhe der Pyramide sei genau der einmilliardste Teil des Abstands der Erde von der Sonne, und dergleichen mehr. Bens Plan seinerseits ist inspiriert durch ein 1847–50 von französischen Ingenieuren errichtetes Stauwerk, die Barrage des Nils bei Kaliub, das in den 1860er Jahren als gescheitert aufgegeben werden mußte, weil die Mauern dem Wasserdruck nicht standhalten konnten. (Der Assuanstaudamm wurde erst ein halbes Jahrhundert später gebaut und im gleichen Jahr vollendet wie Eyths Roman.)

Soweit die konkreten Hintergründe. Auf einer allgemeineren Ebene entspricht der Konflikt zwischen den beiden Brüdern einem Kon-

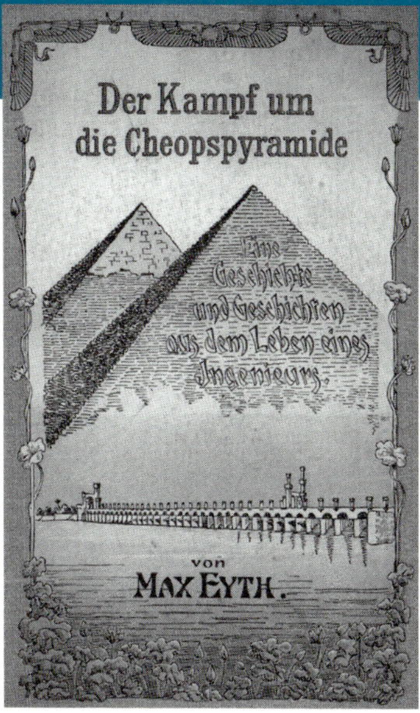

flikt, um den Eyths Werke seit seiner frühesten Erzählung *Mönch und Landsknecht* kreisen: dem Gegensatz zwischen dem Gelehrten und dem Tatmenschen, dem Humanisten und dem Techniker. Berücksichtigt man zudem die Gedankenwelt der Jahrhundertwende, in die Eyths Roman sich einfügt, wird man auch den Gegensatz zwischen hochverfeinertem Kulturkult auf der einen und rabiater Kulturmüdigkeit auf der anderen Seite ausgedrückt finden, der jene Zeit prägte.

Diese abstrakten und zutiefst abendländischen Widersprüche versetzt Eyth nun in eine ägyptische Kulisse, und zwar genau in das Ägypten, das er selbst kannte: die Handlung spielt im Frühjahr 1865. Doch damit nicht genug. In seinem Roman greift er wieder auf den Trick zurück, den er schon in der abschließenden Erzählung aus *Hinter Pflug und Schraubstock* angewendet hatte – er läßt sich selbst als Dampfpflugingenieur Max Eyth in der Geschichte auftreten und diese streckenweise aus der Ich-Perspektive erzählen. Beide Brüder wenden sich um Rat und praktische Unterstützung an ihn, beiden hilft er, soweit er kann, und währenddessen entwickelt er im Auftrag des ägyptischen Vizekönigs seinen neuen Baumwollpflug.

Wie endet nun der Kampf um die Cheopspyramide? Er endet gerecht und unentschieden: weder Bens Staudamm noch die von Joe erhoffte schützende Mauer um die Pyramide werden gebaut, weil der Vizekönig, den beide um finanzielle Unterstützung gebeten hatten, beiden Vorhaben in nahezu gleichlautenden Briefen eine Absage erteilt.

Ben starb fünf Jahre nach seinem Scheiden vom Nil den Heldentod des Erfinders durch einen Sturz aus einem Ballon, und als im Jahr 1881 Joe beim besten Willen keine Anzeichen entdecken konnte, daß das Millennium angebrochen sei, das er auf Grund seiner Pyramidenforschungen mit Bestimmtheit erwartet hatte, legte er sich zu Bett und verschied. (GS3, 740)

Das letzte Wort aber gehört dem Erzähler:

Ein Glück, daß mich mein schlichtes Tagewerk im Frieden auf meinem Pfluge sitzen ließ. Zu schlicht, zu friedlich wollte es mir in diesem Augenblick erscheinen. Doch bringt es nicht auch seine Kämpfe, fordert es nicht auch seine Opfer, hat es nicht auch seinen Platz in dem großen Ganzen, für das die Menschheit denkt und schafft und leidet? Was ist groß, was ist klein im Lichte des Alls? Sicher ist eins: ehe vor Jahrtausenden die Pyramide dort drüben stand, ging ein Pflug auf diesem Felde, und wenn sie einst verschwunden sein wird, nach Jahrtausenden, wird noch ein Pflug hier gehen. Ist das kleine Ding nicht fast so ehrwürdig als der stolzeste Bau der Erde? (GS3, 741)

Im Strom unserer Zeit.

Im Strom unserer Zeit. Aus Briefen eines Ingenieurs. Erster Band: Lehrjahre. Zweiter Band: Wanderjahre. Dritter Band: Meisterjahre. 3. neu bearbeitete Auflage des Wanderbuchs eines Ingenieurs. Heidelberg: Winter 1904–1905. / Wieder in: Gesammelte Schriften, Band 5 und 6, 1909.

Eyths nächstes Buch geht wieder auf eine Anregung seines Heidelberger Verlegers Carl Winter zurück. Schon 1899 hatte dieser Max Eyth vorgeschlagen, die Reisebriefe neu herauszugeben, die Eyths Vater ab 1871 im *Wanderbuch eines Ingenieurs* veröffentlicht

hatte. Vier Jahre später erst, nach dem *Cheopspyramiden*-Roman und mehreren Aufsätzen, nahm Eyth die Arbeit auf. Aus den fünf Briefbänden des *Wanderbuchs* – der dritte Band mit den frühen Novellen und Gedichten war ja schon 1893 unter dem Titel *Feierstunden* neu aufgelegt worden – machte Eyth zwei Bände, dann fügte er noch einen dritten hinzu, der sich über die 14 Jahre seiner Gründung und Leitung der Deutschen Landwirtschaftsgesellschaft erstreckt. Und er wählte knapp hundert seiner Zeichnungen aus, die zur Illustration zwischen den Briefen mit abgedruckt wurden.

In seinen Vorworten zu *Im Strom unserer Zeit* betonte Eyth, daß es sich bei dieser Briefsammlung nicht um eine „Lebensbeschreibung" handle, sondern lediglich um Momentaufnahmen, die „meist mitten im Sturm der Arbeit entstanden" und „nur andeutungs-, immer nur bruchstückweise" seine Vergangenheit wiedergeben könnten. Doch hätten diese Berichte aus den „Jugendjahren" der deutschen Industrie durchaus ihre Berechtigung, sei doch zum einen alles ohnehin vergänglich, zum anderen könne man aus den Briefen schön ersehen, welche Fortschritte seither gemacht worden seien.

„Im Strom unserer Zeit" ist ein gut gewählter Titel für diesen Gedanken, den auch die von Eyth selbst entworfene Einbandillustration veranschaulicht: auf einem Strom fährt ein Raddampfer an Fabrikschloten und Dampfpflügen vorbei auf eine Allegorie der Germania zu.

Eyth gibt also vor, mit seinen Briefen Momentaufnahmen von früher zu liefern. Tatsächlich hat er die Briefe aber für die Neuausgabe nicht nur ausgewählt und gekürzt, sondern auch umgearbeitet. In ähnlicher Weise, wie er auf dem Ulmer Ruhesitz seine gezeichneten Skizzen nachträglich kolorierte, so überarbeitete er nun seine Jugendbriefe, namentlich dann, wenn der unmittelbare Eindruck von damals sich nicht so ohne weiteres dem Strom der Zeit einfügen wollte. Hierfür sei nur ein Beispiel angeführt: der Brief vom 11. August 1861, als der junge Eyth auf seiner – bis dahin noch erfolglosen – Suche nach Arbeit eben in der Industriemetropole Manchester eingetroffen war. Einen Vergleich der frühen Fassung aus dem *Wanderbuch eines Ingenieurs* mit der späteren Fassung aus *Im Strom unserer Zeit* möge der Leser selbst anstellen. Es wird leicht deutlich, daß Eyth nicht nur die Orthographie modernisiert und die gestiegenen Einwohnerzahlen angepaßt hat:

[1871] Wanderbuch eines Ingenieurs:

Daß hier in industrieller Beziehung Ungeheures geleistet wird, ist eine bekannte Thatsache. Ich habe allein in Manchester und Umgebung etliche zwanzig bis dreißig Maschinenfabriken besucht und die meisten gründlich gesehen. Und doch ist in Manchester die Maschinenfabrikation nicht das Einzige, nicht einmal die Hauptsache. Aber trotz allem ist es der schwarze Mittelpunkt einer schwarzen Welt, die mir allerdings im Augenblick, der Verhältnisse wegen, vielleicht noch schwärzer, als gebührend, erscheinen mag. Nirgends in England habe ich bis jetzt eine so bleiche, kranke, von Laster und Unglück angefressene Bevölkerung gesehen, wie sie hier aus den niederen, rauchigen Häusern herausschaut oder auf den engen, staubigen Gassen der ärmeren Viertel herumliegt. Freilich ist das nur die Hefe, aber die Hefe umfaßt drei Viertel des Ganzen. Wenn die Engländer, oft sogar die allerärmsten, nicht jenen eigenthümlichen Reinlichkeitssinn in Betreff der Wohnungen hätten, der hinsichtlich des Körpers und der Kleider beim Hinabsteigen in jene tieferen Regionen nur zu bald verschwindet: es wäre wirklich ein Bild bodenlosen „Fortschritts"! Und doch wäre es ein Unsinn, der Industrie einen Vorwurf zu machen; doch ist und bleibt sie das einzige Mittel, das die 260,000 Menschen hier, die Millionen in England und der ganzen Welt auch nur auf diesem Standpunkt der Existenz zu erhalten vermag. Krieg und Seuchen, welche die Millionen vertilgen, oder Industrie, blühende Industrie, welche diese Millionen erhält, – nur nichts dazwischen, nur nicht das, was gerade jetzt Millionen Herzen und Mägen drückt, – und auch mich, trotz aller Rekommandationen, nicht verschont!

[1904] Im Strom unserer Zeit:

Was die Industrie Gutes und Böses leistet, lernt man in Manchester kennen.

Den Hauptreichtum des Bezirks erzeugen die Millionen Spindeln seiner Baumwollindustrie. Reichtum! Nirgends in England habe ich bis jetzt eine so bleiche, kranke, von Elend und Unglück angefressene Bevölkerung gesehen, wie sie hier aus den niederen, rauchigen Häusern herausgrinst oder auf den engen, staubigen Gassen der ärmeren Viertel herumliegt. Freilich ist das nur die Hefe des Volks, aber die Hefe umfaßt drei Viertel des Ganzen. Wenn die Engländer, selbst die ärmsten, nicht jenen eigentümlichen Reinlichkeitssinn in Betreff der Wohnungen hätten, der nach unten hinsichtlich des Körpers und der Kleidung nur zu rasch verschwindet: es wäre ein Bild bodenlosen „Fortschritts"! Töricht wäre es trotzdem, der Industrie einen Vorwurf daraus zu machen. Sie ist und bleibt das einzige Mittel, die 500 000 Menschen hier, die Millionen in England auch nur auf dieser Stufe des Lebens zu erhalten. Nicht die Industrie hat das Häßliche geschaffen, das ihr anhaftet. Es ist eine Zukunft denkbar, in der sie sich auch aus diesem Schmutz herausarbeiten wird.

Der Fortschritt.

Eine solche Prophezeiung fordert geradezu die Gretchenfrage an den Autor heraus: Wie hast du's mit dem Fortschrittsglauben? Eyths Antwort wäre wahrscheinlich ein ebenso weltweises wie sibyllinisches „Einerseits, Andererseits“ gewesen.
Einerseits war er sowohl ein Betreiber als auch ein Künder des Fortschritts (womit im folgenden immer der technische Fortschritt gemeint ist). Seit er bei seiner ersten Dienstreise nach Unterweissach durch die Reparatur eines Sägewerks die zahlreichen Kinder des Sägmüllers vor dem Hungertod rettete, war er der Überzeugung, daß der Ingenieur zum Besten der Menschheit wirke. Und Eyth war stolz auf seine Zeit, die Wunderdinge wie die Photographie, Telegraphie, Phonographie, Elektrizität oder Spektroskopie erfunden hatte, welche vorangegangenen Generationen noch „wie germanische Sagen von Nixen und Kobolden, wie Märchen aus Indien und Arabien“ erschienen sein mußten. (Lebendige Kräfte, 13) Eines der Gedichte aus *Hinter Pflug und Schraubstock* heißt *Die Gießerei* und schildert das schmutzige, schweißtreibende Handwerk des Gießers als zähen Kampf um den Fortschritt. Auch dessen Arbeit, etwa der Guß eines neuen Schiffsmaschinenzylinders, bringt die Menschheit voran:

[...] Wer sieht es ihm an, wenn er so geht,
Daß er die Welt, so flink sie sich dreht,
Mit all ihrem Reichtum, mit all ihrer Pracht,
Wieder um ein Stückchen weiter gebracht? (GS 1, 73)

Andererseits, und dafür war die Novelle *Berufstragik* ein Beispiel, fordert der Fortschritt auch seine Opfer. Ein weiteres Gedicht aus *Hinter Pflug und Schraubstock* heißt *Der Monteur* und erzählt, wie dieser von seiner ersten selbstgebauten Lokomotive zu Tode gequetscht wird. „Auch unsere Schlachten haben ihre Toten; es kann nicht anders sein“, bemerkt der Brückenbauingenieur Harold Stoß aus *Berufstragik*, nachdem beim Bau der Ennobrücke sieben Arbeiter durch einen Unfall ums Leben kamen. Tatsächlich verglich Eyth den Kampf um den Fortschritt nicht selten mit einem wirklichen Krieg:

Das „Leben" ist und bleibt ein Sturm hier wie überall, ein mörderisches Jagen, Schreien, Treiben und Stoßen. Tausende fallen, ehe die Schanze erstürmt ist. Hunderte kommen hinauf, jubelnd und blutend. Und die Schanze ist schließlich nichts als ein jämmerlich zerrissenes Stückwerk und gehört keineswegs dem jubilierenden armen Teufel, der Leib und Leben dran gewagt hat. Morgen geht's weiter. (GS5, 157)

Doch hat dieses kriegerische Vorwärtsstürmen zugleich eine friedvoll schicksalsergebene Kehrseite. Der Strom der Zeit, nicht der einzelne Mensch ist die entscheidende Kraft, die alles vorantreibt. Die Nachkommen arbeiten weiter am Werk ihrer Väter: beim Bau der Ennobrücke ist es ausgerechnet der Sohn eines umgekommenen Arbeiters, der ein neues Verfahren zum Versenken der Brückenpfeiler erfindet. Den *Kampf um die Cheopspyramide* gewinnt weder der vorwärtsdrängende Ben noch der rückwärtsgewandte Joe. Am Schluß des Buches bemerkt der Erzähler aber, daß des einen Bewässerungspläne inzwischen durch den Bau des Assuanstaudamms mehr als erfüllt wurden, während auch des anderen Pyramide noch steht und „in ihrer ewigen Ruhe das Treiben und Schaffen der Menschlein zu ihren Füßen überdauert, als ob nichts entstünde und nichts verginge". (GS3, 741)

So ist der vermeintliche Fortschritt letztlich nur ein „Bild des ewigen Wechsels in einem bewegten Spiegel", wie es im Nachwort zu *Im Strom unserer Zeit* heißt. (GS 6, 398) In Verse gefaßt hat Eyth diesen Gedanken in seinem Gedicht *Die Sphinx von Giseh*, geschrieben in der Strophenform der Terzine, die sich durch den Reim von Strophe zu Strophe fortschlingt und dadurch schon formal ein Sinnbild der Unendlichkeit darstellt. Nachdem die Sphinx durch Jahrtausende die Völker zu ihren Füßen hat kommen und gehen sehen, wagt das Ich des Gedichts eine direkte Aussprache mit dem verwitterten Gesicht:

Das graue Steingebild schien jetzt zu lauschen;
Da hub ich an, ich fürchtete mich nicht,
Wortlos Gedanken mit ihm auszutauschen:

„Wir kommen vorwärts, altes Traumgesicht!
In jedem deiner Tausende von Jahren
Dem Glücke näher und dem Sonnenlicht!"

Da sprach's: „Ich sah die ungezählten Scharen
Der Menschen kommen und auch gehn – im Nu!
Sie sind noch immer, wie sie immer waren,

„Voll Stolz und froher Hoffnung, ganz wie du;
Doch alles, was ihr schafft, in wen'gen Tagen
Geht's mit dem eignen Dampf dem Ende zu.

„Da wird erst Pfeifen sein und heulend Klagen! –
Doch andre kommen, hoffnungsfroh wie du.
Ich werde niemals staunen noch verzagen." (GS 1, 413f)

Angesichts einer solchen Haltung ist es bewundernswert konsequent, daß Max Eyth testamentarisch verfügte, mit dem damals erheblichen Betrag von 80 000 Mark aus seinem hinterlassenen Kapital eine Stiftung zu gründen, deren Zinsen den Hinterbliebenen von Arbeitsopfern der Industrie zugute kommen sollten.

Lebendige Kräfte.

Lebendige Kräfte. Sieben Vorträge aus dem Gebiete der Technik. Berlin: Springer 1905. [Enthält: Poesie und Technik (1904), Das Wasser im alten und neuen Ägypten (1901), Die Entwicklung des landwirtschaftlichen Maschinenwesens in Deutschland, England und Amerika (1893), Mathematik und Naturwissenschaft der Cheopspyramide (1901), Binnenschiffahrt und Landwirtschaft (1899), Ein Pharao im Jahrhundert des Dampfes (1897), Zur Philosophie des Erfindens (1903)].

Von Max Eyths insgesamt rund siebzig Veröffentlichungen sind nur etwa ein Viertel literarische Werke. Einen Grenzbereich betreten die sieben Vorträge, die er 1905 zu dem Band *Lebendige Kräfte* versammelte. Zwei von ihnen, der eröffnende Aufsatz *Poesie und Technik* und der abschließende *Zur Philosophie des Erfindens*, sind als theoretische Abhandlungen über die Kunst interessant. Vor allem sein Vortrag über *Poesie und Technik* war ein richtiger Paukenschlag, der durch Nachdrucke in vielen größeren Tageszeitungen Eyths Namen über landwirtschaftliche Kreise hinaus bekannt machte.

Gehalten hat Eyth seinen Vortrag am 6. Juni 1904 auf der Hauptversammlung des Vereins deutscher Ingenieure in Frankfurt am Main. Der VDI war 1856 gegründet worden und als größte deutsche Technikervereinigung um die wirtschaftliche, politische und gesellschaftliche Anerkennung des Technikerstandes bemüht, der sich etwa seit Mitte des Jahrhunderts neben die traditionell humanistisch gebildeten Kreise geschoben hatte. Vor diesem Publikum hielt Eyth, der Ingenieur und Dichter in Personalunion, nun einen Vortrag über das Verhältnis von Poesie und Technik. Er wollte zeigen, daß auch die technischen Errungenschaften seines Zeitalters verdienten, von den Literaten besungen zu werden. Während Hochöfen, Brücken oder Dampfmaschinen gemeinhin als schmutzig, häßlich und unästhetisch gälten, besäßen sie in Wahrheit sehr wohl ihre eigene Schönheit:

Steckt keine Poesie in der Lokomotive, die brausend durch die Nacht zieht und über die zitternde Erde hintobt, als wollte sie Raum und Zeit zermalmen, in dem hastigen, aber wohl geregelten Zucken und Zerren ihrer gewaltigen Glieder, in dem stieren, nur auf ein Ziel losstürmenden Blick ihrer roten Augen, in dem emsigen, willenlosen Gefolge der Wagen, die kreischend und klappernd, aber mit unfehlbarer Sicherheit dem verkörperten Willen aus Eisen und Stahl Folge leisten? (Lebendige Kräfte, 12)

Was Eyth vorschwebte, war eine Nobilitierung seines Berufsstandes durch die Kunst – ein Vorhaben, das er schon als junger Mann von zwanzig Jahren zu seinem Vorsatz erklärt hatte und in den literarischen Werken seines letzten Lebensjahrzehnts zur Ausführung brachte. Die anwesenden Ingenieure werden Eyths Vortrag mit Wohlgefallen und gestärktem Selbstgefühl angehört haben.

Brisant dagegen war ein Gedanke aus seiner Argumentation für das andere, das humanistisch-geisteswissenschaftliche Lager, behauptete Eyth doch, die Erfindungen der Technik seien in gleicher Weise Erzeugnisse des Geistes wie die Werke der Dichter. Die Entdeckungen des Wissenschaftlers wie die Arbeiten des Schriftstellers beruhten auf denselben kreativen Vorgängen:

Es ist in all diesen Fällen das Schaffen des Geistes von etwas Neuem, zuvor nicht Dagewesenem, das Zeugen aus einem dunklen, unerklärlichen Urgrund, das wir wie ein Entstehen aus dem Nichts empfinden, jenes Schaffen, das den Menschen von Anfang an zum „Ebenbild“ des Schöpfers gemacht hat. (Lebendige Kräfte, 18)

Damit stand mit einem Mal der Techniker neben, ja vielleicht sogar über dem Dichter, schließlich besaßen die Erzeugnisse des ersteren auch einen praktischen Nutzen, wohingegen Gedichte ...

Bedenkt man, daß die Schulabschlüsse von humanistischen und Realgymnasien nicht vor 1890 gleichgesetzt waren und Technischen Hochschulen erst 1899 das Promotionsrecht zugestanden wurde, formulierte Eyth in seinem Vortrag eine klare Kampfansage gegen die noch immer vorherrschende Geistes-Elite mit der Behauptung, „daß in einer schönen Lokomotive, in einem elektrisch bewegten Webstuhl, in einer Maschine, die Kraft in Licht verwandelt, mehr Geist steckt als in der zierlichsten Phrase, die Cicero gedrechselt, in dem rollendsten Hexameter, den Virgil jemals gefeilt hat." Das klingt beinah wie eine Vorwegnahme des ersten futuristischen Manifests von Filippo Tommaso Marinetti, der 1909, nur fünf Jahre nach Eyths Vortrag, im Pariser *Figaro* verkündete, ein aufheulendes Auto sei schöner als die Nike von Samothrake. Anders als die Futuristen oder kurz darauf die Expressionisten kam Eyth indes nie auf den Gedanken, die moderne Lebenswirklichkeit sei auch mit modernen künstlerischen Mitteln auszudrücken: seine Gedichte und Prosawerke mögen inhaltlich Neuland betreten haben, formal sind sie völlig traditionell geblieben.

Der Schneider von Ulm.

Der Schneider von Ulm. Geschichte eines zweihundert Jahre zu früh Geborenen. 2 Bände. Stuttgart, Leipzig: Deutsche Verlags-Anstalt 1906.

Der Schneider von Ulm ist nicht der Ulmer Spatz, in zweierlei Hinsicht: Erstens konnte der Spatz fliegen, zweitens besaß er bekanntlich ausreichend praktisches Geschick zur erfolgreichen Lösung technischer Probleme. Anders der Ulmer Schneider: Ein öffentlich unternommener Flugversuch durch den Schneidermeister Albrecht Ludwig Berblinger von der Ulmer Adlerbastei im Jahr 1811 scheiterte kläglich: bei der ersten Vorführung brach einer der selbstgebauten Flügel, bei der Wiederholung am nächsten Tag landete Berblinger in der Donau und mußte triefnaß herausgefischt werden. Noch zu Lebzeiten und zwei Jahrhunderte lang galt der Schneider daraufhin als lächerliche Gestalt und wurde Gegenstand zahlreicher Spottgedichte.

Max Eyth deutete die Geschichte anders. Er sah im erfolglosen Schneider eine jener unglücklichen Erfinderfiguren, die zwar eine glänzende Idee haben, diese aber nicht zur Verwirklichung bringen können.

Die Flügel des Schneiders von Ulm, aus Eyths Arbeitspapieren

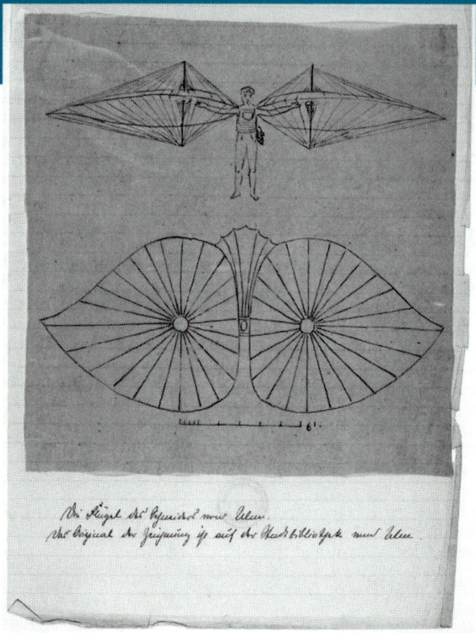

Es ist interessant, daß Eyth seinen Roman über den gescheiterten Traum vom Fliegen genau zu der Zeit schrieb, als es der Menschheit endlich gelungen war zu fliegen: 1891 vollbrachte Otto Lilienthal Gleitflüge bis 300 m Länge, 1903 führten die Brüder Orville und Wilbur Wright erste gesteuerte Motorflüge durch, 1905 konnten sie sogar schon Kurven und Achter fliegen. Wahrscheinlich griff Eyth aus denselben Gründen auf eine Figur aus der Geschichte zurück, wie er seine eigenen Briefe aus den Anfängen der Industrialisierung Jahrzehnte später noch einmal veröffentlicht hatte: um zu zeigen, wie man's zuletzt so herrlich weit gebracht. Denn auch der Schneider stand letztlich „im Strom der Zeit", was schon der Untertitel des Romans andeutet: „Geschichte eines zweihundert Jahre zu früh geborenen". Aber Eyth vergaß dabei nicht die Mühsal und die vielen Fehlschläge, die einer erfolgreichen Erfindung vorausgehen. So verfolgte er auch mit Anteilnahme die verschiedenen mißglückten Flugversuche seines Bekannten, des Grafen Zeppelin, und hielt schon im September 1900 in seinem Tagebuch fest, dieser sei „wirklich zu bedauern, wie es auch der Ulmer Schneider war." (BSchr, 173)

Der Schneider von Ulm spielt nicht vor exotischer Kulisse, sondern in Ulm, Eyths letzter Heimatstadt. Es ist ein historischer Roman, ein ausuferndes historisches Gemälde von wieder über achthundert Seiten Länge, das die Zünfte und Stände, den Rat und die Bürger der alten Reichsstadt ebenso schildert wie ihr Geschick während der napoleonischen Kriege. Die Donauschiffahrt, für die Eyth sich ja selbst noch engagiert hatte, wird ebenso beschrieben wie sein eigener Wohnort, der Michelsberg, auf dem nachweislich Flugversuche des Schneiders stattgefunden hatten. Außerdem führt Eyth seinen Albrecht Berblinger auf Wanderschaft nach Oberschlesien, wo erste Dampfpumpen im Bergbau verwendet werden, wie nach Wien, wo im Prater eine Montgolfiere aufsteigt. Für den historischen Berblinger sind diese Reisen nicht bezeugt. Auch stammt dieser aus Ulm, während Eyth seinen Schneider in Ochsenwang auf der Schwäbischen Alb, also ganz in der Nähe seines Geburtsorts Kirchheim unter Teck, zur Welt kommen läßt. Er fügt noch eine weitere erfundene Episode in Berblingers Biographie ein: den Besuch der Klosterschule. Dies ist nicht nur, von Hermann Kurz bis Hermann Hesse, ein Lieblingsthema schwäbischer Erzähler, es ist auch ein Stückchen Autobiographie, war Eyth doch selbst in einer Klosterschule groß geworden, wenn auch in Schöntal und nicht, wie sein Schneider, in Blaubeuren.

Schließlich unternimmt Eyth am Ende noch eine weitere große Umdeutung: Während der historische Schneider nach seinem Absturz auch sozial herunterkam, macht Eyth seinen Berblinger noch zum Soldaten und läßt ihn zuerst für Napoleon nach Rußland ziehen, später gegen Napoleon kämpfen. Deutlich führt er so die Absurdität der kriegerischen Weltgeschichte vor Augen, die in ihrer Zerstörungswut noch sehr viel unsinniger ist als der gescheiterte Flugversuch eines kleinen Schneiders. Oder ist der kleine Schneider letztlich sogar größer als Napoleon? „Die Kleinen und Stillen bauen, die Großen zerstören; und lange wird's noch dauern, bis man begreift, daß die Kleinen die wahrhaft Großen sind", sagt ein Freund Berblingers im Roman. (GS2, 104) Erst nach diesem Gastspiel in der Weltgeschichte darf auch Eyths Schneider nach Ulm zurückkehren und, wie sein Vorbild, im Hospiz sterben:

„Denk an den Himmel, Berblinger", sagte der Pfarrer sanft. „Ich glaube selbst, du bist am Ziel."

„An den hab' ich gedacht mein Leben lang", versetzte der Kranke, schwer atmend; „für mich, für alle Welt. Zuerst waren's die Wolken, dann die Vögel, dann – dann –. Aber ich war zu schwach, Gott wird mir verzeihen. Es war nicht meine Schuld. Die Sonne geht unter. Bete mit mir, Fischer, eh' du gehst. Es wird Zeit."

„Um was soll ich bitten, Berblinger?" fragte der Pfarrer. Es drängte ihn, seinen Freund auf andre Gedanken zu bringen, und doch mochte e r nicht drängen.

„Bete, wie er es lehrte. Es gibt nichts Besseres für Tod und Leben", sagte Berblinger mit kaum hörbarer Stimme. Fischer begann das Vaterunser zu beten. Der Kranke flüsterte mit, nach wenigen Sätzen so laut und deutlich, daß der Pfarrer schwieg und ihm mit liebevollen, schmerzlichen Blicken in das feine, bleiche Gesicht sah, auf dem die letzten Sonnenstrahlen ruhten. Er kam nicht ganz zu Ende.

„Denn dein ist das Reich und die Kraft – denn dein ist die Kraft – –"

Hier stockte er. Ein Zittern ging durch den ganzen Körper, ein paar Blutstropfen traten auf seine Lippen. Der Atem stand still. (GS2, 804f)

Der Pfarrer spricht schließlich das letzte Wort über den Held des Fortschritts: „Große Ideen sterben nicht, und ein Leben, das zweimal geopfert wird, ist kein verlorenes. Einmal hat er es für seinen Lieblingsgedanken darangesetzt, das zweitemal für sein Vaterland." (GS2, 805)

Es ist wohl inzwischen mehr als deutlich geworden: *Der Schneider von Ulm* ist auch ein Buch über Max Eyth selbst. Während er in seinen anderen Werken direkt als Figur auftrat, hat er in seinem letzten Roman seine Autobiographie indirekt mit der Geschichte verwoben, unter anderem durch die Lebensstationen Schwäbische Alb, Klosterschule und Ulm. So darf man annehmen, daß er auch mit dem abschließenden Urteil des Pfarrers über Albrecht Berblinger sich, Max Eyth selbst, meinte. Hat nicht auch dieser sich zweimal für große Ideen geopfert: einmal für die Verbreitung des Dampfpflugs, einmal für die Gründung der Deutschen Landwirtschaftsgesellschaft? Und sogar ledig ist er dabei geblieben, wie sein Schneider, während der historische Albrecht Berblinger gleich zweimal geheiratet hatte.

Als das Manuskript fertig war, begannen die Verleger schon, sich darum zu reißen. Im Mai 1906, zwei Tage vor seinem siebzigsten Geburtstag, unterzeichnete Eyth den Vertrag, dann las er die Korrekturen, im Juni wurde der Umbruch gemacht. Im Juli skizzierte er noch die Adlerbastei, um die Bücher wie gewohnt mit eigenen Titelbildern auszustatten, die diesmal vom Verlag „freundlich, aber doch mit Kopfschütteln aufgenommen“ wurden. (BSchr, 345) So sind die Umschläge des *Schneiders von Ulm* nur figurativ gestaltet, während Eyths Vorzeichnungen jeweils im Frontispiz Verwendung fanden, mit einem Motiv des Münsterturms im ersten Band und dem der Adlerbastei im zweiten.

Das Erscheinen des Buches erlebte Eyth nicht mehr. Am 25. August 1906 ist er mit siebzig Jahren in Ulm gestorben.

Am Schreibtisch.

Max Eyth hat die Abenteuer seines Lebens nacherzählt, doch die Abenteuer seines Lebens am Schreibtisch nicht ihrerseits wieder zu Literatur gemacht. Über seine Arbeitsweise als Autor geben nur sein Tagebuch und gelegentliche briefliche Mitteilungen Aufschluß sowie der zum größten Teil im Deutschen Literaturarchiv Marbach verwahrte literarische Nachlaß.

Daraus geht hervor, daß Eyth hinter dem Schreibtisch nicht minder arbeitswütig war als hinter dem Pflug. Für seine Romane betrieb er immer ausführliche Vorstudien. Für den *Schneider von Ulm* hat er zum Beispiel alte Quellen aus dem Stadt-archiv studiert und viele weitere Bücher gelesen, was zahlreiche Konvolute mit Exzerpten und Notizen belegen, etwa zur Chronik der Gewerbe, zum Schneiderhandwerk, zu Handwerksphrasen und -gebräuchen, zur Geschichte

Ulms und zur Geschichte Württembergs um 1800. Dem *Ulmer Intelligenzblatt* von 1804 entnahm er die Namen des damaligen Bürgermeisters, Polizeidirektors und der Stadträte, in der Stadtbibliothek schrieb er alte Spottgedichte auf den Schneider ab und entdeckte eine Konstruktionszeichnung von dessen Flügeln, die er gleich für seine Unterlagen abmalte. Für die Schilderung der Blaubeurener Episode bekam er Unterstützung von seinem Schwager Kraut, dem zweiten Mann seiner verstorbenen Schwester. Der war Ephorus in Blaubeuren und versorgte Eyth mit Dokumenten aus der Geschichte des Klosters: mit Amtsprotokollen, dem Straf- und dem Zeugenbuch; selbst die Gans, welche die Seminaristen der Frau Prälatin gestohlen und heimlich gebraten haben, ist amtlich verbürgt.

Schließlich ging Eyth sogar für zwanzig Tage beim Ulmer Schneidermeister Glöcklen in die Lehre, lernte Fingerhut und Nadel halten, fadenschlagen und staffieren, den Saum- und den Knopflochstich ausführen, kordeln und pikieren. Über das Gelernte wie über die Gespräche der Gesellen führte er sorgfältig Buch. Enderle, einer von ihnen, taucht namentlich im Roman wieder auf, einem der Zunftmeister im Buch gab Eyth den Namen Glöckle. Es traf sich, daß am gleichen Tag wie seine Ernennung zum Ehrendoktor der Stuttgarter Technischen Hochschule, dem 24. Februar 1905, auch eine Notiz über die Schneiderlehre des Herrn Geheimrat in der Presse verbreitet wurde, was zu großer Heiterkeit und dazu führte, daß ihn die Glückwünsche „meist in Verbindung mit Bestellungen auf Fräcke oder Beinkleider" erreichten. (Kittel, 16)

Doch all das waren erst die Vorarbeiten. Die eigentliche Arbeit begann jetzt, zunächst mit einem knappen inhaltlichen Entwurf des gesamten Romans, dann genauen Angaben zum Inhalt jedes einzelnen Kapitels, schließlich der ersten vollständigen Fassung in hunderten handgeschriebener Seiten. Zur Orientierung legte Eyth meist noch Verzeichnisse an über alle im Roman vorkommenden Figuren, über die Zeitverhältnisse der Geschichte, im Fall der *Cheopspyramide* auch über die im Roman erwähnten Orte und ihre genaue Schreib-

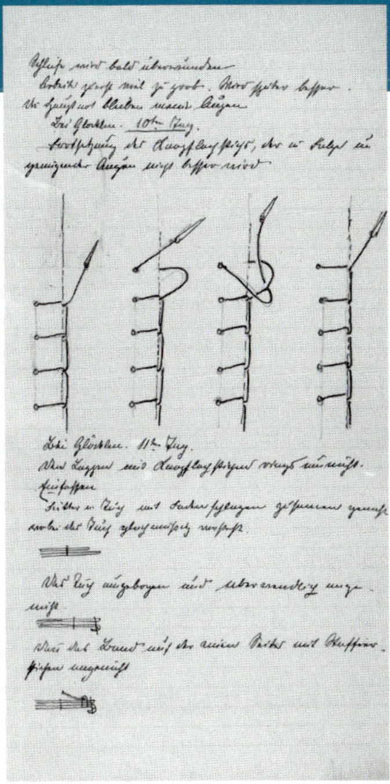

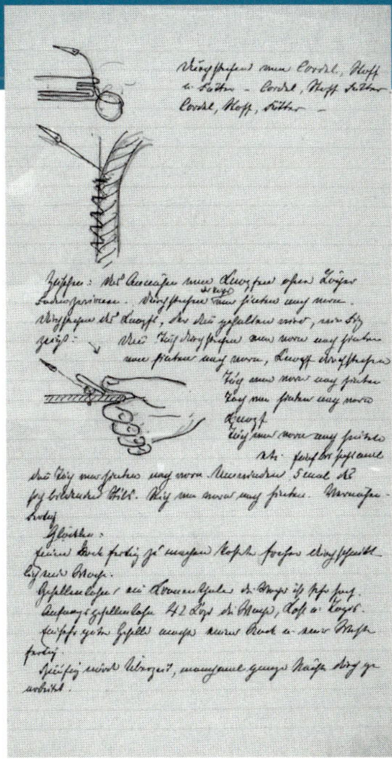

weise. Auf die erste Manuskriptfassung folgte die Überarbeitung zur Reinschrift, und zwar in einer Geschwindigkeit von acht bis zwölf Seiten pro Tag. Mal konnte Eyth sich beim Schreiben oder Revidieren dermaßen verausgaben, daß er von morgens sechs bis abends zehn am Schreibtisch saß oder sogar die Nächte durcharbeitete, mal hatte er Phasen der Entmutigung, in denen ihm alles sinnlos, auf jeden Fall zu lang und zu weitschweifig erschien, wogegen wieder nur die Arbeit half. Nachdem ihm schon der Pyramidenroman unter der Hand in die Breite gegangen war, lautete der Vorsatz zu Beginn des *Schneiders von Ulm*: „Und die größte Aufgabe, die ich mir stelle, ist diesmal Kürze.“ (BSchr, 213) Fast drei Jahre später war das neue Buch gerade so dick wie das alte, und Eyth gelobte sich selbst: „Die Sache wird krankhaft. Ich sollte und will nie mehr ein zweibändiges Buch schreiben.“ (BSchr, 327)

Noch bevor der *Schneider von Ulm* herauskam, hielt er am 16. August 1906 in seinem Tagebuch schon eine neue literarische Idee fest: „Ernstlich über die Schmiedefeuerfunken nachgedacht. Das Erste:

‚Der Erfinder', eine Tertiärgeschichte. Komme vorläufig nicht vom Fleck. Alles noch Chaos in nebelnder Dämmerung." (BSchr, 346) Neun Tage später wurde ihm die Feder aus der Hand genommen.

Die Wahrheit.

Dem Roman *Der Schneider von Ulm* ist ein Vorwort vorangestellt, worin der Autor von einem Gespräch berichtet, das er – angeblich – mit dem Ulmer Stadtarchivar geführt habe. Dieser beschwert sich entrüstet, Eyth habe in seiner Geschichte alles dermaßen „verschoben und verdreht, übermalt und ausgeschmückt", daß sämtliche historischen Fakten durcheinandergeraten seien. Der Autor dagegen verweist mit Schillers *Wilhelm Tell* darauf, daß die Wahrheit des Dichters immer schon mehr über das wirkliche Geschehen ausgesagt habe „als all der historische Kleinkram der Altertümler und Bibliothekare":

Überdies war ich mehr als je überzeugt, daß ich trotz aller Mängel, die ihr anhaften, die wahre Geschichte des Schneiders von Ulm geschrieben hatte, so wie er gefühlt, gedacht und gelebt haben müßte, wenn alles mit rechten Dingen zugegangen wäre. (GS2, 14)

Soviel zum Ulmer Schneider. Wie verhält es sich aber mit Max Eyths eigener Lebensgeschichte? Hat er sie für Historiker und Bibliothekare oder gemäß den Prinzipien der poetischen Wahrheit geschrieben? Über die Erzählungen aus *Hinter Pflug und Schraubstock* bemerkte er einmal:

Jedes Stück ist ein fast selbständiges Ganzes für sich, ein Gedanke, ein kleines Erlebnis, eine Phantasie aus meinem Leben. Alles etwas erlogen und etwas wahr, innerlich so wahr, als ich zu machen imstande bin. (GS6, 460)

Es fällt auf, daß Max Eyth nie „Erinnerungen", „Memoiren" oder eine Autobiographie im eigentlichen Sinne verfaßt, sich dagegen sogar ausdrücklich verwahrt hat. Immer wieder finden sich in seinen Briefen Bemerkungen, wie schwer, ja unmöglich es sei, all das Gesehene und Erlebte mit Worten einzufangen. Selbst die vor Ort gemachten Zeichnungen, heißt es etwa einmal von einem Urlaub in Palästina, seien kein Ersatz: „Aber auch damit kann ich Euch nicht geben, was ich als unveräußerlichen Schatz aus Jerusalem mitnehme: ein Stück gelebtes Leben, das das Innerste in uns berührt." (GS5, 199) Dennoch schrieb er mehr als vierzig Jahre lang ausführliche Briefe von unterwegs, und während seiner letzten zehn „seßhaften" Lebensjahre umfangreiche Erzählungen und Romane.

Der entscheidende Schritt vom Reiseberichterstatter zum Erzähler fand statt, als Eyth begann, sein eigenes Leben zur Grundlage seiner Erfindungen zu machen. Die frühen Erzählungen aus den 1850er Jahren lassen davon noch kaum etwas verspüren – zwangsläufig, denn noch hatte der junge Mann zu wenig erlebt, was er zu Dichtung hätte werden lassen können. Doch nachdem er sich in Ulm zur Ruhe gesetzt und begonnen hatte, die „Skizzen" seines Lebens auszumalen, entstanden die Werke, die ihn zum Schriftsteller machten. Jetzt schrieb er, immer „etwas erlogen und etwas wahr", gewissermaßen am eigenen Leben entlang, schmückte die Fakten seiner Biographie mit Fiktionen aus oder, in konsequenter Umkehrung des Gedankens, verankerte die Fiktionen in den Fakten seiner Biographie. Vielleicht könnte man es so sehen: Max Eyth mußte erfinden, um die Wahrheit sagen zu können.

Aber wo soll ich anfangen, zu beschreiben und zu erzählen, selbst wenn der Stille Ozean mir Zeit und Raum genug gewährte?

Unser Leben ist Stückwerk. Kann, was wir daraus berichten, etwas andres werden, wenn wir wahr bleiben wollen? (GS5, 511)

Hast du's erlebt?

Du bringst uns wunderliche Sachen,
Zum Weinen bald und bald zum Lachen;
Wahrscheinlich weißt du sie zu machen,
    Doch ob sie wahr sind, weiß man nicht.
Zwar manches gleicht bekannten Zügen,
Dem äußern Scheine mag's genügen.
Doch ungern läßt man sich belügen,
    Und vieles klingt wie ein Gedicht.

Kaum stimmen manchmal Ort und Zeiten!
Du ließest sichtlich dich verleiten
Im Leichtsinn, Pegasus zu reiten;
    Dies, werter Freund, ist uns zu viel.
Wir gehn zwar gern auf allen vieren,
Doch wer will Flügel kontrollieren?
Und schwer ist's nicht, uns anzuführen
    Am Brahmaputra und am Nil.

Wohl hast du manches selbst gesehen.
Man spürt zuweilen fast das Wehen
Der Wirklichkeit: doch das Verdrehen
    Scheint dir ein angeborner Hang.
„Gedächtnisschwäche?!" – „Tropenhitze?!"
Nichts derart decket meine Mütze.
„Druckfehler?!" Bitte, keine Witze!
    Druckfehler sind nicht seitenlang.

Man spielt doch nicht mit Metermaßen!
Auch ist mit Zahlen nicht zu spaßen.
Und du tust beides ganz gelassen:
    Weißt du auch, Freund, wie du uns quälst?

Drum rund heraus, gesteh es ehrlich!
Das meiste glaubt man dir doch schwerlich,
Und diese Halbheit ist gefährlich:
    Hast du erlebt, was du erzählst?

Ich hab's erlebt: aus dunkeln Schachten,
Wenn feurig rings die Wetter krachten,
Wenn sie die schwarzen Leichen brachten,
    Die Leichen und das rote Gold!
Wie in der Werkstatt finstern Hallen
Die harten Hammerschläge fallen,
Zermalmend, schaffend, Heil uns allen – – –
    Doch glaubet, was ihr glauben wollt!

Ich hab's erlebt: am öden Strande,
Im Meeresbrausen, fern vom Lande,
Im hoffnungslosen Wüstensande,
    Auf den die Sonne tötend brennt,
Wie doch, gleich einer Himmelstaube,
Des Menschen arbeitsfroher Glaube
Ihm schaffen hilft, im Sturm, im Staube. – – –
    Doch glaubet, was ihr glauben könnt!

Ich hab‘s erlebt: im tiefsten Herzen
Erlebst du mehr an Lust und Schmerzen,
Als fünfzig Jahre auszumerzen
    Vermögen, es vergißt sich nie.
Auch dort ist's Arbeit, Kampf und Streben.
Was könnet ihr dafür wohl geben,
Nähmt ihr aus diesem harten Leben
    Die Wahrheit seiner Poesie?

Max Eyth 1836 – 1906.

6. 5. 1836	geboren in Kirchheim unter Teck
1841 – 52	Kindheit in Kloster Schöntal an der Jagst
1852	ein halbes Jahr Besuch der Realschule in Heilbronn
1852 – 56	Studium am Stuttgarter Polytechnikum
1856	sechs Wochen Anstellung in der Hahn & Göbelschen Maschinenfabrik in Heilbronn
1857 – 1861	Technischer Zeichner und Ingenieur in der Maschinenfabrik von Gotthilf Kuhn in Berg bei Stuttgart
1861	im Frühjahr vier Wochen Arbeitssuche im Rheinland und in Belgien
1861 – 1882	über zwanzig Jahre Angestellter beim Dampfpflughersteller John Fowler Ltd. in Leeds, England
1863 – 1866	Chefingenieur bei Prinz Halim Pascha in Ägypten
1866 – 1869	Engagement für die Seilschleppschiffahrt
1869 – 1882	Wissenschaftlicher Generalstabschef und Auslandsagent der Firma Fowler
1882 – 1885	von Bonn aus Vorbereitungen zur Gründung einer deutschlandweiten landwirtschaftlichen Gesellschaft
1885 – 1896	Geschäftsführendes Direktoriumsmitglied der Deutschen Landwirtschaftsgesellschaft in Berlin
1896 – 1906	Schriftsteller in Ulm
25. 8. 1906	gestorben in Ulm

Photogravüre von Fr. Bruckmann nach einem Ölgemälde
von Léon Hornecker (1906)

Max Eyth heute.

1892 entdeckte Max Eyth auf einer Kartoffelausstellung in Staßfurt eine neu gezüchtete Knolle mit dem Namen „Geheimerat Eyth". In seinem Tagebuch notierte er am 21. November die genaue Sortenbeschreibung:
Ein Sämling des Jahres 1888, gezogen aus der weißfleischigen sächsischen Zwiebelkartoffel mit „Erste von Frönsdorf". Reifezeit spät. Von ausgezeichneten Speiseeigenschaften und langer Dauer. Ertrag im Jahr 1891: 259,2 per Hect., Ertrag im Jahr 92 276,8.... H. Schultz Lupitz erntete von einer Knolle an einer Staude 15 Pfd großer schöner Knollen und nannte diesen Sämling ein Weltwunder. Scheint für leichten Boden sehr geeignet zu sein. (TB)
Drei Tage später überredete er den Züchter, die Kartoffel schlicht in „Max Eyth" umzutaufen. Heute ist diese Kartoffel nicht mehr auf dem Markt. Allerdings könnte es sein, daß durch spätere Kreuzungen und Neuzüchtungen eine genetische Spur der Eyth-Knolle sich bis heute erhalten hat ...
Wer handfestere Spuren sucht, sei auf folgendes verwiesen:
Das Literarische Museum in Eyths Geburtshaus erinnert in seiner ständigen Ausstellung u. a. an Max Eyth, das Städtische Museum im Kornhaus zeigt Eyths Mobiliar aus seiner Ulmer Wohnung. Außerdem wird dort eine Max-Eyth-Sammlung mit Teilen aus dem Nachlaß aufbewahrt.

Städtisches Museum im Kornhaus
Max-Eyth-Straße 19, 73230 Kirchheim unter Teck
Tel: 07021/502-377, Mail: museum@kirchheim-teck.de
www.kirchheim-teck.de

Der größte Teil des schriftlichen Nachlasses befindet sich im Deutschen Literaturarchiv Marbach, der zeichnerische Nachlaß ging weitgehend an das Ulmer Museum, einige Blätter auch an die Deutsche Landwirtschaftsgesellschaft in Frankfurt am Main. Verstreutes befindet sich weiterhin in Privatbesitz.
Max Eyths Grab ist auf dem Neuen Friedhof in Ulm, Stuttgarter Straße, Sektion 57. Seine Ulmer Adressen waren von 1896 bis 1904 Michelsberg 173 (heute Mozartstr. 24) und von 1904 bis zu seinem Tod Michelsberg 227 (heute Lichtensteinstr. 16, Neubau, Gedenktafel). Die Gräber der Eltern auf dem Neu-Ulmer Friedhof wurden 1969 aufgelöst; in Feld 13, etwa 20 Meter vom

Originalort entfernt, ist noch die Grabplatte des Vaters Eduard Eyth erhalten. Am Elternhaus in Neu-Ulm, Hermann-Köhl-Str. 19, befindet sich eine Gedenktafel, auf der Ulmer Adlerbastei ein Gedenkstein. Am Schlößle in Ernsbach am Kocher (siehe S. 12f) wurde 1950 eine Gedenktafel angebracht. Eyths Wohnungen in Bonn (Münsterstr. 4) und Berlin (Potsdamer Str. 130) oder der ehemalige Berliner Sitz der D. L. G. (Zimmerstr. 8) sind nicht eigens gekennzeichnet. Jegliche Hinweise auf weitere Lebensspuren, Nachlaßteile o. ä. nimmt das Städtische Museum in Kirchheim gerne entgegen.

Viele Straßen tragen Eyths Namen: Im Landkreis Esslingen mit dem Geburtsort Kirchheim unter Teck sind es mindestens zwanzig, vornehmlich in Industriegebieten, bundesweit über fünfzig, davon etwa die Hälfte, wie z. B. in Ulm, in Baden-Württemberg. Der Max-Eyth-See im Stuttgarter Norden erhielt seinen Namen 1936; zu ihm führt über den Neckar hinweg der Max-Eyth-Steg. Außerdem sind verschiedene Schulen nach Eyth benannt, ebenso die „Akademische Vereinigung Max Eyth" der TU Braunschweig.

Im Max-Eyth-Verlag erscheint u. a. die Mitgliederzeitschrift *DLG-Mitteilungen* der Deutschen Landwirtschaftsgesellschaft in Frankfurt am Main. Neben der DLG ehrt die Max-Eyth-Gesellschaft für Agrartechnik im Verein Deutscher Ingenieure e. V. in Düsseldorf Eyths Andenken und verleiht in unregelmäßigen Abständen die Max-Eyth-Gedenkmünze.

Das Deutsche Landwirtschaftsmuseum in Stuttgart-Hohenheim besitzt einen komplett restaurierten Dampfpflugsatz, außerdem verschiedene Modelle und Dokumente zur Dampfpflugtechnik.

Im Internet bieten derzeit eine eigens zum 100. Todesjahr von der DLG eingerichtete Seite (www.max-eyth.de) sowie die Enzyklopädie Wikipedia (http://de.wikipedia.org/wiki/Max_von_Eyth) Informationen über Max Eyth. Drei vollständige Texte: *Die Brücke über die Ennobucht* [d. i. *Berufstragik*], *Der Kampf um die Cheopspyramide* und *Der Schneider von Ulm* sind in der Online-Anthologie Projekt Gutenberg abrufbar (http://gutenberg.spiegel.de/autoren/eyth.htm).

Weitere Hinweise gibt die nachfolgende Literaturliste, deren Titel in Bibliotheken oder antiquarisch zugänglich sind.

Werke, Tagebücher und Briefe von Max Eyth.

Die im engeren Sinn literarischen Werke von Max Eyth wurden oben im Text nach der chronologischen Reihenfolge ihrer Entstehung aufgeführt. Umfassende Bibliographien auch der nichtliterarischen Werke enthalten Gehring 1942, S. 175-181, und Reitz 1956, S. 309-314.

GS 1-6 = Max Eyths Gesammelte Schriften. 6 Bände. 1. Band: Hinter Pflug und Schraubstock. 2. Band: Der Schneider von Ulm. 3. Band: Der Kampf um die Cheopspyramide. 4. Band: Feierstunden. 5. Band: Im Strom unserer Zeit, Erster und zweiter Teil. 6. Band: Im Strom unserer Zeit, Dritter Teil. Stuttgart, Leipzig: Deutsche Verlags-Anstalt, Heidelberg: Winter 1909.

Lebenslauf Max von Eyths, von ihm selbst verfaßt. In: Max Eyth: Poesie und Technik [Auszug]. Stuttgart: Daco-Verlag 1962, S. 17-23.

TB = Abschriften von Max Eyths Tagebüchern 1863-1906, in den 1950er Jahren erstellt von Adolf Reitz und in Kopien aufbewahrt bei der Deutschen Landwirtschaftsgesellschaft in Frankfurt am Main und im Deutschen Landwirtschaftsmuseum in Stuttgart-Hohenheim; die Originale befinden sich im Deutschen Literaturarchiv Marbach.

Max Eyth: Tagebücher 1882–1896. Hrsg. v. Rudolf Laïs. Frankfurt am Main: DLG-Verlag 1975.

Jugendbriefe = Max Eyth: Briefe aus seiner Jugendzeit. Hrsg. u. mit einer Einführung v. Otto Lau. Heimatmuseum Kirchheim-Teck 1936.

Max Eyth als Student am Polytechnikum in Stuttgart. Aus bisher unveröffentlichten Jugendbriefen. Hrsg. v. Otto Lau. In: Besondere Beilage des Stuttgarter NS-Kuriers 1936, S. 33–40.

Paul Poggendorf. Ein Lebensbild von Lothar Meyer. Mit Freundesbriefen von Max Eyth. Berlin: Meyer & Jessen 1911.

Max Eyth: Baumwollfelder unterm Dampfpflug. Als Ingenieur in den Südstaaten Amerikas 1866–1868. Hrsg. v. Klaus Herrmann. Lenningen: Edition Erdmann 2006 [enthält Auszüge aus dem *Wanderbuch eines Ingenieurs*, Band 2, sowie *Geld und Erfahrung* aus *Hinter Pflug und Schraubstock*].

Werke über Max Eyth.

Biedenkapp, Georg: Max Eyth, ein deutscher Ingenieur und Dichter. Stuttgart: Franckh 1910.

BSchr = Adolf Reitz: Hinter Buch und Schreibtisch. Vergessene Tagebücher von Max Eyth. Ulm: Gerhard Hess 1961.

Du Bois-Reymond, Lili: Max Eyth. Ingenieur, Landwirt, Dichter. Berlin: Volksverband der Bücherfreunde / Wegweiser-Verlag 1931.

Ebner, Theodor: Max Eyth der Dichter und Ingenieur. Ein schwäbisches Lebensbild. Heidelberg: Winter 1906.

Eduard Eyth kümmerte sich um Stadtpolitik. In: Teckbote vom 30.1.1965. Wieder in: Beiträge zur Heimatkunde des Bezirks Kirchheim unter Teck, N. F., Heft 2, Juli–Dez. 1965, S. 23–25.

Euting, Walter: Max Eyths Bruder Eduard als Erzähler. Erlesenes aus seinem handschriftlichen Tagebuch. In: Besondere Beilage des Stuttgarter NS-Kuriers 1937, S. 10-22.

Gehring, Paul: Max Eyth. In: Schwäbische Lebensbilder. 3. Band. Stuttgart: Kohlhammer 1942, S. 156–181.

Heege, Rudolf: Max von Eyth. Ein Dichter und Philosoph in Wort und Tat. Berlin: DLG 1928.

Herrmann, Klaus: Max Eyth: „Technische Notizen VIII". In: Teckbote vom 16.4.1983. Wieder in: Beiträge zur Heimatkunde des Bezirks Kirchheim unter Teck, N. F., Heft 37, Dez. 1983, S. 25–29.

Herrmann, Klaus: Max Eyth – Leben und Wirken 1836–1906. Ausstellung zum 75. Todesjahr des Dichter-Ingenieurs in Kichheim u. T. Ostfildern 1981.

Hummel, Herbert: Max Eyth und Blaubeuren. In: Erfinder und Tüftler im Alb-Donau-Kreis. Ulm: Süddeutsche Verlagsgesellschaft 1987, S. 45–47.

Kittel, G.: Max Eyth und seine Sippe. Hameln: Fritz Seifert 1936.

Knolmayer, Birgit: Max Eyth. Ein Leben in Skizzen. Studien zum zeichnerischen Werk. Köln: Böhlau 2006.

Lahnstein, Peter: Max Eyth. Das Schönste aus dem zeichnerischen Werk eines welterfahrenen Ingenieurs. Stuttgart: Kohlhammer 1987.

Literatur im Industriezeitalter. Von Peter-Paul Schneider, Hildegard Dieke, Helmut Gold, Irina Renz, Norbert J. Schürgers unter Mitarbeit von Klaus

Beyrer. 2 Bände. Marbach am Neckar: Deutsche Schillergesellschaft 1987 (Marbacher Kataloge 42).

Möser, Kurt: „Poesie und Technik“. Zur Theorie und Praxis der Technikthematisierung bei Max Eyth. In: Technikgeschichte 52 (1985), S. 313–327.

Mück, Hans-Dieter; Blum, Dieter: Max Eyth. Schlosser, Maschmahandi und Poet. In: Dichter im Kreis Esslingen. Ein Lese- und Bilderbuch. Esslingen: Bechtle 1979, S. 102–113.

Pröstler, Viktor: Max Eyth 1838–1906. „Mein Leben in Skizzen“. Ulm: Süddeutsche Verlagsgesellschaft 1986.

Reitz, Adolf: Max Eyth. Ein Ingenieur reist durch die Welt. Pioniertaten eines Landtechnikers. Heidelberg: Energie-Verlag 1956.

Riad Abdel-Noor, Rawhia: Ägypten in der deutschen Literatur des 19. Jahrhunderts. Bugumil Goltz – Max Eyth – Georg Ebers. Diss. München 1986.

Schefold, Max: Max von Eyth. Der Techniker, Poet und Zeichner. In: Westermanns Monatshefte 71 (1927), S. 390–396.

Der Schneider von Ulm. Fiktion und Wirklichkeit. Biographie, Flugtechnik, Bibliographie, Ausstellungskatalog. Weißenhorn: Anton H. Konrad 1986 (Veröffentlichungen der Stadtbibliothek Ulm, Band 7).

Schwiglewski, Katja: Erzählte Technik. Die literarische Selbstdarstellung des Ingenieurs seit dem 19. Jahrhundert. Köln: Böhlau 1995 [S. 195–214: Erstdruck der Erzählung *Expansion* von Max Eyth].

Segeberg, Harro: Literarische Technik-Bilder. Studien zum Verhältnis von Technik- und Literaturgeschichte im 19. und frühen 20. Jahrhundert. Tübingen: Niemeyer 1987 [S. 115–172: zur Deutung und zu den realen Hintergründen der Erzählung *Berufstragik* aus *Hinter Pflug und Schraubstock*].

Theißen, Gerd: Max Eyth – DLG-Gründer und Dichter der Tat. Frankfurt a. M.: Max-Eyth-Verlag 2006.

Todrowski, Christiane: Bürgerliche Technik-„Utopisten“. Ein Beitrag zur Funktion von Fortschrittsoptimismus und Technikeuphorie im bürgerlichen Denken des 19. Jahrhunderts, dargestellt am Beispiel der Publikationen Max Eyths und Max Maria von Webers. Diss. Münster 1996.

Ziegler, Theobald: David Friedrich Strauß. 2 Bde. Straßburg: Trübner 1908 [Band 2, S. 573f: über den Vater Eduard Eyth].

Bildnachweise.

Städtisches Museum im Kornhaus, Kirchheim unter Teck, Max-Eyth-Sammlung: Einband, S. 4, 6, 7, 10, 13, 16, 31 links, 32, 39, 43, 45, 52, 53, 66, 70, 71, 73, 83, 85 rechts, 105. Helmut Conz, Kirchheim unter Teck: Einband, S. 8, 25, 26, 36. Deutsches Literaturarchiv Marbach: Einband, S. 20, 34, 75, 78, 79, 82, 85 links, 94, 95, 99. Ulmer Museum: S. 3, 31 rechts, 40, 41, 44, 49, 50, 59, 62, 67, 69, 90. Deutsche Landwirtschaftsgesellschaft, Frankfurt am Main: S. 42, 60, 61. Württembergische Landesbibliothek Stuttgart: S. 56 (Photographie: Joachim Siener). – Alle abgebildeten Zeichnungen in diesem Buch (außer S. 13) stammen aus der Hand von Max Eyth.

Dank.

Wir danken den im Bildnachweis genannten Personen und Institutionen für die Überlassung von Bildmaterial und freundlich erteilte Abdruckgenehmigungen. Außerdem geht unser Dank für Rat, Hilfe, Auskünfte und Unterstützung sowohl für dieses Buch als auch für die begleitende Ausstellung an: Dr. Brigitte Reinhardt und Bengü Furat, Ulmer Museum; Gernot Saul, Städtisches Museum Kirchheim unter Teck; Rainer Kilian, Rose Schorer und Renate Schattel, Stadtarchiv Kirchheim unter Teck; Helmut Conz, Thilo Dinkel, Marianne Endermann, Richard Planitz, Jürgen Schweier und Wolfgang Znaimer, Kirchheim unter Teck; Dr. Esther Hessler, Owen; Prof. Dr. Thomas Scheuffelen, Marbach a. N.; Dr. Klaus Herrmann, Deutsches Landwirtschaftsmuseum Stuttgart-Hohenheim; Anne Hermann, Wirtschaftsarchiv Baden-Württemberg, Schloß Hohenheim; Dr. Norbert Becker, Universitätsarchiv Stuttgart; Matthias Grotz, Stadtarchiv Ulm; Peter Jehle, Friedhofsverwaltung Neu-Ulm; Janet Loos, Stadtarchiv Neu-Ulm; Dietmar Jannsen und Rainer Schuberth, Verein Alter Stuttgarter Stauffen; Ursula Dworák, MuseoConsult, Stuttgart; Dr. Birgit Knolmayer, Kernen; Dr. Jürgen Laege, Haltern; Marianne Steudel, Stuttgart; Gerd Theißen, Erkelenz.

Der Druck dieses Buches wurde in freundlicher Weise gefördert aus Landesmitteln durch die Arbeitsstelle für literarische Museen, Archive und Gedenkstätten in Baden-Württemberg, Marbach am Neckar, sowie den Literaturbeirat der Stadt Kirchheim unter Teck.

Impressum.

Gestaltung: r² | röger & röttenbacher, Leonberg
Gesamtherstellung: Gulde-Druck, Tübingen
Printed in Germany
ISBN 3-00-018815-0